U0239491

电工技术基础学习检测

同步练习·单元测试·综合测试

主　编　欧小东

副主编　李先良　颜克坪　张琼林　邱米英

电子工业出版社

Publishing House of Electronics Industry

北京·BEIJING

内 容 简 介

本书分为主册和附册两部分。主册的内容为各章综合练习题、14 套单元测试卷、7 套综合测试卷。附册的内容为 4 套重点章节的单元测试卷和 4 套综合测试卷，以方便教师对学生进行重点章节和全书掌握情况的考核检查。

本书内容包括：直流电路基础知识、复杂直流电路、电容器、磁与电磁、正弦交流电路、三相交流电和电动机、变压器、非正弦交流电路、过渡电路共九章综合练习题，18 套单元测试卷和 11 套综合测试卷，以及各章综合练习题、单元测试卷和综合测试卷的参考答案。

本书主要为电子类学生对口升学考试量身打造，可作为大中专学校的电子类、机电类学生的学习指导用书，也可以作为相关专业教师的教学参考用书。

图书在版编目（CIP）数据

电工技术基础学习检测 / 欧小东主编. —北京：电子工业出版社，2019.10

ISBN 978-7-121-37085-4

Ⅰ．①电… Ⅱ．①欧… Ⅲ．①电工技术—习题集 Ⅳ．①TM-44

中国版本图书馆 CIP 数据核字（2019）第 144529 号

责任编辑：蒲　玥
印　　刷：涿州市京南印刷厂
装　　订：涿州市京南印刷厂
出版发行：电子工业出版社
　　　　　北京市海淀区万寿路 173 信箱　邮编　100036
开　　本：787×1 092　1/16　印张：14.25　字数：435.2 千字　插页：11
版　　次：2019 年 10 月第 1 版
印　　次：2023 年 8 月第 10 次印刷
定　　价：56.50 元（含试卷）

凡所购买电子工业出版社图书有缺损问题，请向购买书店调换。若书店售缺，请与本社发行部联系，联系及邮购电话：（010）88254888，88258888。

质量投诉请发邮件至 zlts@phei.com.cn，盗版侵权举报请发邮件至 dbqq@phei.com.cn。

本书咨询联系方式：（010）88254485；puyue@phei.com.cn。

前　　言

伴随着我国从制造业大国向制造业强国的转型，职业教育高考必将在全国各地不断升温。《国家职业教育改革实施方案》强调：全力提高中等职业教育发展水平，建立职业教育高考制度，大力推进高等职业教育高质量的发展。国家教育部的改革更是传来好消息：在1200多所国家普通高等院校中，将有600多所转向职业教育，转型的大学本科院校占高校总数的50%左右，职业教育将迎来一个发展的春天。

职业学校广大教师和应考生在教学和学习的过程中，深感手头的教学资料非常有限，专业课程复习资料更是匮乏。现有的习题集存在知识点分解不细、解题示范太少等缺陷，不适合职业高中层次的学生自主学习，因此急需一套针对学生实际情况、以课程教学为表现形式、知识点全面且有层次、学法指导通俗易懂、例题选取全面、紧扣新考试大纲的复习指导书。

二十三年来，笔者一直从事对口升学"电工技术基础"、"电子技术基础"等职业教育高考科目的教学和考前辅导工作，拥有丰富的教学指导和辅考经验，以及系统完备的专业资料储备。应新职业高考升学复习的需要，现将笔者的"电工技术基础"教学资料科学系统地整理成册，编成《电工技术基础学习辅导》、《电工技术基础学习检测》，奉献给同行教师和莘莘学子。

本书突出了以下几个特点：

1. **广泛的适用性**：它真正做到了有教学理论可依，有解题经验可学。参考了湖南、湖北、广东、江苏、北京等十几个省市的考纲和部分考题，具有广泛的适用性。

2. **学习要求明确**：充分体现了能力本位的特色，根据教育部颁发的教学大纲并综合参考了多地区考纲后提出明确的学习要求。

3. **知识同步指导**：将全书知识先化整为零，按章节分成58个小节，对小节的知识点进行指导分析和学法点拨，内容选取上对教材和考纲做了适度拓展。

4. **同步练习题和综合练习题相结合**：这是一个将全书知识化零为整、融会贯通的环节。本书选取了大量的适合中等职业教育的练习题，供学生练习、巩固和提高；习题难度符合普通学生的学习，还适当地选择了一些具有相当难度的习题，进一步提高学生的解题能力，因此也更适合对口升学学生的备考复习；书中附有各章节习题、测试卷的参考答案，以方便读者查对。

5. **内容完整全面**：本书和其配套的《电工技术基础学习辅导》含单元测试卷、综合测试卷共37套，从不同形式、不同层面上帮助学生巩固知识、融合知识和运用知识，全面检查学生学习情况及复习备考。题材选取上围绕课程的重点、难点和考点，详实、系统且全面。采用主、副册分印形式的目的是为相关专业教师减少重复工作，只需全心授课，从此再无制卷之苦。

　　本书由欧小东担任主编，李先良、颜克坪、张琼林、邱米英担任副主编，在编写过程中也得到了湖南师范大学工学院孙红英、彭士忠、杨小钨三位教授的悉心指导，得到了郴州综合职业中专学校领导以及同事们的大力支持。另外，杨外明、胡贵树老师提供了大量素材，樊珂、黄文娟、何丽平、周芳雨等为文稿录入做了大量的工作，在此一并向他们表示诚挚的感谢。

　　由于作者水平有限，书中难免有不妥之处，敬请专家和读者批评指正。

编　者

目　　录

第一章　直流电路基础知识

一、填空题

1．基本电荷 e=_____C，这是自然界中的_____电量，任何带电体所带的电量都是 e 的_____倍，_____个电子所带的电量等于 1C。

2．电荷之间是通过_____发生相互作用的，在电荷的周围存在_____。

3．_____所通过的路径称为电路，用规定的_____来代替_____以表示电路连接情况的图叫电路图。

4．我们规定_____电荷移动的方向为电流的方向。在金属导体中电流方向与电子的运动方向_____。

5．电流的实际方向规定为_____移动的方向；电动势的实际方向规定为_____的方向；电压的实际方向规定为_____的方向。

6．若 1min 内通过某一导体截面的电荷量是 6C，则通过该导体的电流是_____A，合_____mA，合_____μA。

7．测量电流应选用_____表，它必须_____在被测电路中，它的内阻应尽量_____。

8．自然界的各种物体，按导电性能可分为导体、_____和_____三大类。

9．电压可以使电路中的_____电荷由电源的正极经_____电路流向电源的负极，在金属导体中，电压是使导线中的_____由电源的_____极流向电源的_____极。

10．电动势可以使电路中的_____由电源的正极经_____电路流向电源的负极，电源内部的电流方向是由电源的_____极指向电源的_____极。

11．电阻元件的端电压和电流的实际方向总是_____的。

12．已知 U_{AB}=10V，若选 A 点为参考点，则 V_A=_____V，V_B=_____V。

13．某点的电位为正值，表示该点的电位高于_____点，电位为负值，表示该点的电位低于_____点。

14．已知 5Ω 电阻两端，即 a、b 端电位分别为 V_a=0 和 V_b=−10V，则 I_{ab}=_____A。

15．在一定的温度下导体的电阻与导体的长度成_____比，与导体的横截面积成_____比。

16．电阻标称阻值的单位有 Ω、kΩ、MΩ 等，其关系为 1Ω=_____kΩ=_____MΩ。

17．电灯泡中的灯丝用钨制成是因为它的_____高；滑动变阻器的线圈用_____线或_____线制成是因为它们的_____较大和它们阻值大小基本上不受_____的影响；滑动变阻器是通过改变导体的_____来改变阻值大小的。

18．两根材料相同的电阻丝，长度之比为 1∶5，横截面积之比为 2∶3，它们的电阻之比为_____；串联时，它们的电压之比为_____，并联时，它们的电流之比为

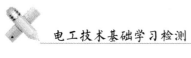

_____。

19. 一条粗细均匀、阻值为 R 的电阻丝，将其切成等长的两段并联起来，它的总电阻值是_____。

20. 导线的电阻是 10Ω，对折起来作为一条导线用，电阻变为_____Ω，若把它均匀拉长为原来的 2 倍，电阻变为_____Ω。

21. 加在某导体两端的电压为 3V 时，通过该导体的电流为 0.5A，由 $R = \dfrac{U}{I}$ 可知，这个导体的电阻是_____Ω，将这个导体接在 6V 电源上时，这个导体的电阻是_____Ω，通过它的电流应为_____A，当这个导体两端不加电压时，这个导体的电阻是_____Ω。

22. 如图 1-1 所示，R 的电导为_____S 。

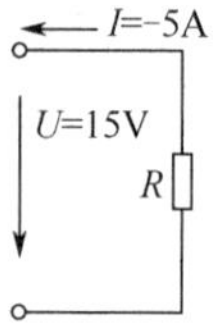

23. 电路是指由_____及电气设备组成的一个总体，为_____提供了路径。

24. 欧姆定律揭示了电路中_____、_____、_____三者之间的联系。

25. 全电路欧姆定律中，电流与_____成正比，与整个电路中的_____成反比。

图 1-1　题 22 图

26. 将电能转换为其他形式能量的设备称为_____。

27. 从电源一端经过负载再回到电源另一端的电路称为_____，电源内部的通路称为_____。

28. 电路的工作状态有_____、_____和_____三种；负载的运行状态有_____、_____和_____三种。

29. 所谓电源外特性是指电源的_____随_____变化的关系。

30. 有一个由电源和外电阻组成的简单闭合电路，当外电阻加倍时，通过的电流减为原来的 $\dfrac{2}{3}$，则外电阻与电源内阻之比为_____。

31. 万用表可测量电压、电流和电阻。测量电流时应把万用表_____在被测电路里；测量电压时应把万用表和被测部分_____；测量电阻前或每次更换倍率挡时都应进行_____，并且应将被测电路中的电源_____。

32. 在图 1-2、图 1-3 所示电路中各电阻都相等。当滑动变阻器的滑臂从 1 点向 2 点滑动时，图 1-2 中的电流表读数_____，电压表的读数_____；图 1-3 中的电流表读数_____，电压表的读数_____。

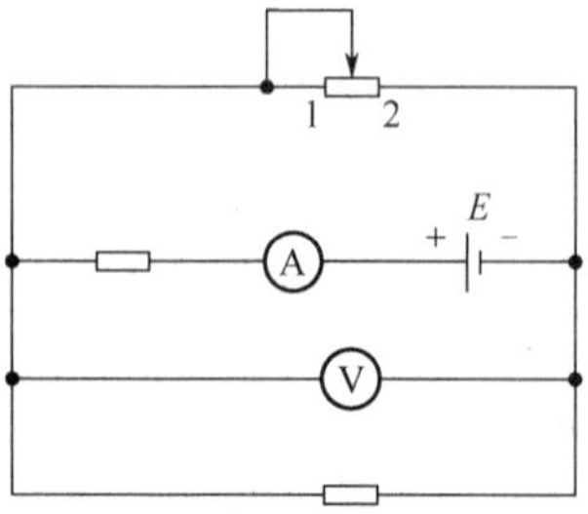

图 1-2　题 32 图 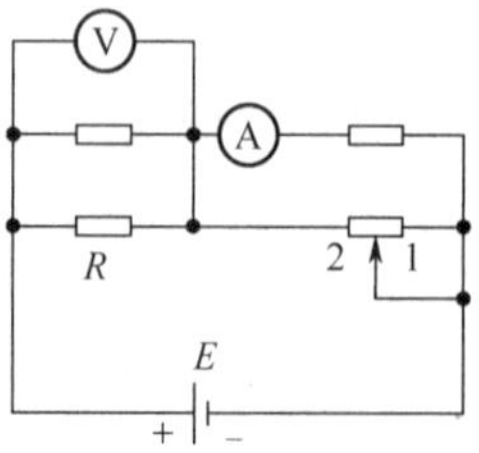　　　　图 1-3　题 32 图

33．在图 1-4 所示电路中，电压表读数为 12V 时，电流表读数为 2A；电压表读数为 21V 时，电流表的读数为 1.5A，则电源电动势 E 为＿＿＿＿＿V，R_0 为＿＿＿＿＿Ω。

34．一台"220V/1kW"的电炉，在额定电压下工作时的电阻等于＿＿＿＿＿Ω。

35．有一台额定电压为 220V，额定功率为 150W 的用电器，每天工作 5h，一个月（30 天）用电＿＿＿＿＿kWh。

36．A 电热锅的电阻 $R_A=20$Ω，接在电源上 10min 就能把水烧开，换用 B 电热锅，接在同一电源上，烧开同样多的水需要 20min，则 B 电热锅的电阻 R_B 为＿＿＿＿＿Ω。

37．电路中有一个阻值 $R=200$Ω 的电阻，通过它的电流 $I_R=-100$mA，则该电阻所消耗的功率为＿＿＿＿＿W。

38．某电阻元件的额定参数为"1kΩ/2.5W"，正常使用时允许流过的最大电流为＿＿＿＿＿mA。

39．某电烙铁的额定电压为 220V，正常工作时的电阻是 242Ω，其额定功率应是＿＿＿＿＿W，如果通电产生了 $6×10^4$J 的热量，则它通电的时间是＿＿＿＿＿min。

40．一只"220V/40W"的灯泡正常发光时它的灯丝电阻是＿＿＿＿＿，当它接在 110V 的电路上，它的实际功率是＿＿＿＿＿。

41．如图 1-5 所示电路，若 $U=-10$V，则 6V 电压源发出的功率为＿＿＿＿＿W。

42．负载获得最大功率时，＿＿＿＿＿消耗的功率等于＿＿＿＿＿消耗的功率。

43．有一个电阻箱，面板上各旋钮的位置如图 1-6 所示，这时电阻箱的阻值是＿＿＿＿＿Ω。

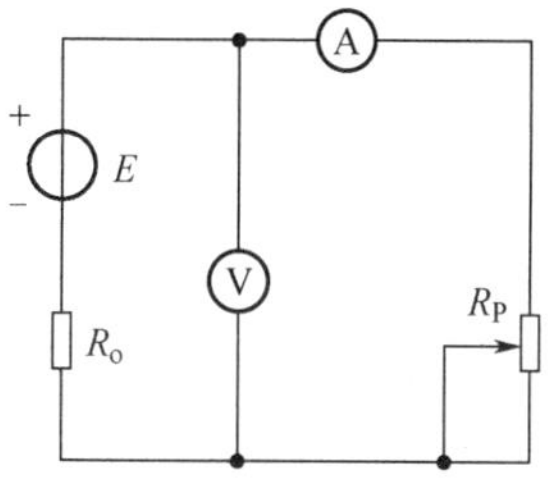

图 1-4 题 33 图 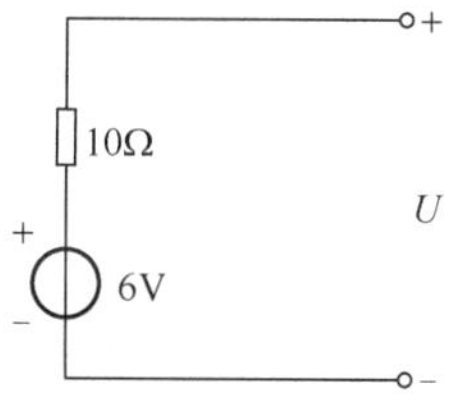　　　　图 1-5 题 41 图 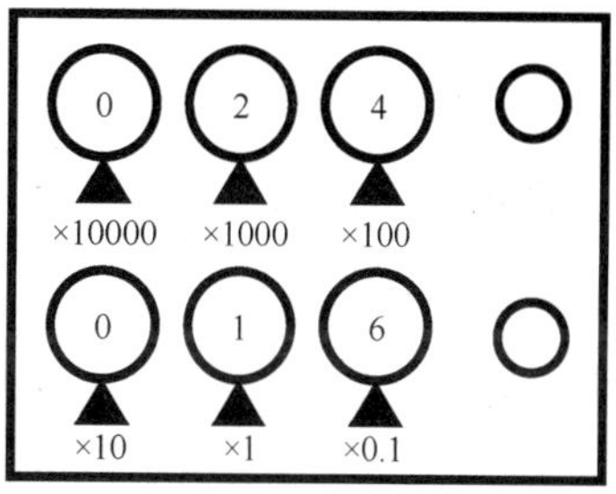　　　　图 1-6 题 43 图

二、判断题

题号	1	2	3	4	5	6	7	8	9	10	11	12	13	14	15
答案															
题号	16	17	18	19	20	21	22	23	24	25	26	27	28	29	30
答案															

1．在匀强电场中，负点电荷逆电场线方向移动，其电势能增加。

2．电场力推动电荷沿闭合回路移动一周而回到起始点所做的功不为零。

3．电流分为直流电流和交流电流两大类。

4．导体中电流的大小为 3A，表示 1s 内通过导体横截面的电荷为 3C。

5．电流的实际方向规定为正电荷流动的方向。

6．金属导体中的电流是电子的定向移动形成的。

7．选择不同的零电位时，电路中各点的电位将发生变化，但电路中任意两点间的电压却不会改变。

8．电压方向总是与电流方向一致。

9．电路中两点电位都很高时，其两点间电压也一定很大。

10．电路中，电流的方向与电压的方向总是相同的。

11．电路中 A 点的电位，就是 A 点与参考点之间的电压。

12．电阻两端电压为 10V 时，电阻值为 10Ω，当电压降至 0V 时，电阻值为 0Ω。

13．电路中各点的电位与参考点的选择有关，而电路中任意两点之间的电位差与参考点的选择无关。

14．电路的工作状态也就是负载的运行状态。

15．电压和电动势具有不相同的物理意义，但方向相同。

16．在如图 1-7 所示的电路中，电流表的极性接反了。

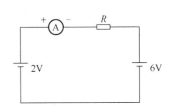

17．同一个电源的正极电位永远高于其负极电位。

18．电源内部电子在外力作用下由负极移向正极。

19．电源被短路时，两端电压减小，所以电流也会减小。

20．在开路状态下，开路电流为零、电源的端电压也为零。

图 1-7　题 16 图

21．一般情况下，当温度升高时，导体的电阻值是不变的。

22．功率越大的电器，电流做的功越多。

23．人们常用"负载大小"来指负载实际电功率的大小，在电源一定的情况下，负载大小是指通过负载的电流的大小。

24．"220V/40W"的灯泡，若接在 110V 的电源上使用，其实际功率只有 10W。

25．"110V/60W"灯泡接在 220V 时能正常工作。

26．功率大的用电器比功率小的用电器消耗的电能多。

27．由于 $P=I^2R$，因此增大电阻器阻值，电阻器所消耗的功率也增大。

28．某用电器一小时用电 1kWh，则它在这段时间内耗电 1kW。

29．通过电阻器的电流增大到原来的 2 倍，它所消耗的电功率也增大到原来的 2 倍。

30．负载获得的最大功率就是电源输出的最大功率。

三、单项选择题

1．电流是（　　　）。

A．电荷定向移动形成的

B．表示带电粒子定向运动强弱的一个物理量

C．一种物理现象

D．既是一种物理现象，又是表示带粒子定向强弱的一个物理量

2．导体能够导电，是因为导体中（　　　）。

A．有能够自由移动的质子　　　　B．有能够自由移动的电荷

C．有能够自由移动的电子　　　　D．有能够自由移动的中子

3. 要形成持续的电流，需具备的条件是（　　　）。

　　A．导体中存在大量自由电荷

　　B．将导体放进电场中

　　C．使导体两端保持一定电压

　　D．容器内的电解液正负离子受外电场的持续作用

4. 在金属导体内形成电流的条件是（　　　）。

　　A．导体内部必须存在大量自由电子

　　B．导体两端必须保持一定的电位差

　　C．导体内部必须存在带电离子或粒子

　　D．导体两端的电位必须相等

5. 在长度为 1m，横截面积为 $3.1mm^2$ 的铜导线中，每分钟通过的电量为 60C，则这根导线中的电流为（　　　）。

　　A．3.1A　　　　　　　　　　　　B．60A

　　C．1A　　　　　　　　　　　　　D．186A

6. 在图 1-8 所示电路中，U_{ab} 为（　　　）。

　　A．6V　　　　　　　　　　　　　B．-6V

　　C．-12V　　　　　　　　　　　　D．18V

7. 已知 A 点的对地电位是 65V，B 点的对地电位是 35V，则 U_{BA} 为（　　　）。

　　A．100V　　　　　　　　　　　　B．30V

　　C．0V　　　　　　　　　　　　　D．-30V

8. 如图 1-9 所示电路，电动势 E=-5V，则下列说法正确的是（　　　）。

　　A．U_{AB}=5V，电动势的实际方向由 A 指向 B

　　B．U_{AB}=-5V，电动势的实际方向由 A 指向 B

　　C．U_{AB}=-5V，电动势的实际方向由 B 指向 A

　　D．U_{AB}=5V，电动势的实际方向由 B 指向 A

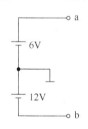

图 1-8　题 6 图

图 1-9　题 8 图

9. 已知 U_{AB}=-5V，U_{BC}=6V，则 U_{AC}=（　　　）。

　　A．11V　　　　　　　　　　　　B．-11V

　　C．1V　　　　　　　　　　　　　D．-1V

10. 把电能转变成热能的是（　　　）。

　　A．电动机　　　　　　　　　　　B．发电机

　　C．蓄电池　　　　　　　　　　　D．电烙铁

11. 若正电荷从低电位移到高电位，则推动它的力是（　　）。

    A. 电场力   B. 重力

    C. 弹力   D. 电源力

12. 一条导线，其电阻为 R，将其从中间对折后并联成一条导线，并联后导线两端的电阻值为（　　）。

    A. $\frac{1}{2}R$ B. $\frac{1}{4}R$

    C. $4R$ D. $2R$

13. 有两段导体 1 和 2，在相同的电压下，通过导体 1 的电流较大，通过导体 2 的电流较小，说明（　　）。

    A. 导体 1 的电阻大   B. 导体 2 的电阻大

    C. 两段导体的电阻一样大   D. 两段导体的电阻一样小

14. 将一条金属导线均匀拉长，使其直径为原来的 $\frac{1}{2}$，则该导线阻值是原来的（　　）。

    A. 4 倍   B. 8 倍

    C. 16 倍   D. 32 倍

15. 两条同种材料的电阻丝，其长度之比为 3∶5，横截面积之比为 4∶1，则它们的电阻值之比应该是（　　）。

    A. 3∶20   B. 20∶3

    C. 12∶5   D. 5∶12

16. 电阻在电路中的作用是（　　）。

    A. 储存电功率   B. 消耗电功率

    C. 储存电场能   D. 储存磁场能

17. 两条重量相同的铜丝，其中甲的长度是乙的 10 倍，则甲的电阻是乙的（　　）。

    A. 10 倍   B. $\frac{1}{10}$ 倍

    C. 100 倍   D. $\frac{1}{100}$ 倍

18. 可以看作是非线性电阻元件模型的实际元件有（　　）。

    A. 锰铜电阻   B. 光敏电阻

    C. 线绕电阻   D. 电烙铁

19. 工程技术中，电路是用（　　）表示的。

    A. 实际器件   B. 理想器件

    C. 电路模型   D. 电路图

20. 制造电动机时，在绕组的内部安装铂丝电阻是为了（　　）。

    A. 测定电动机绕组中的电流大小   B. 测定电动机绕组两端电压

    C. 测定电动机的输入功率   D. 测定电动机运行时内部的温度

21. 在用万用表测量电阻之前，首先应进行欧姆调零，这相当于在测量的电阻线路中接入的电阻值为（　　）。

A．无穷大　　　　　　　　　　B．10kΩ

C．1kΩ　　　　　　　　　　　D．0Ω

22．电路的工作状态有通路、开路和（　　）。

A．轻载　　　　　　　　　　　B．短路

C．断路　　　　　　　　　　　D．过载

23．组成一个基本的电路至少要有电源、负载及（　　）。

A．电动机　　　　　　　　　　B．连接导线

C．蓄电池　　　　　　　　　　D．电阻元件

24．电源电动势的大小是表征（　　）做功本领的大小。

A．电场力　　　　　　　　　　B．外力

C．电场力或外力

25．电源电动势为 2V，内阻为 0.1Ω，当外电路开路时，电路中的电流和端电压分别为（　　）。

A．0A、2V　　　　　　　　　　B．20A、0V

C．20A、2V　　　　　　　　　D．0A、0V

26．电源电动势为 2V，内阻为 0.1Ω，当外电路短路时，电路中的电流和端电压分别为（　　）。

A．0A、2V　　　　　　　　　　B．20A、0V

C．20A、2V　　　　　　　　　D．0A、0V

27．一般情况下，当电路发生短路故障时，会损坏（　　）。

A．电源　　　　　　　　　　　B．负载

C．电源和导线　　　　　　　　D．电源和负载

28．由全电路可知：功率包括 EI、UI 和 I^2r，则错误的是（　　）。

A．总功率为 EI　　　　　　　B．输出功率为 UI

C．内耗为 I^2r　　　　　　　　D．$EI \geqslant UI + I^2r$

29．有一个电动势为 E 的理想电压源，其端电压 $U=$（　　）。

A．Ir　　　　　　　　　　　B．E

C．$E-Ir$　　　　　　　　　　D．$E+Ir$

30．已知某电源对外输出的端电压为：$U=E-Ir$，当外电路的负载电阻增大时，端电压 U 将会（　　）。

A．变大　　　　　　　　　　　B．变小

C．不变　　　　　　　　　　　D．不确定

31．如图 1-10 所示色环电阻，该电阻大小为（　　）。

A．1.05Ω±0.5%　　　　　　　B．10.5Ω±0.5%

C．10.5Ω±0.1%　　　　　　　D．1.05Ω±0.1%

棕 黑 绿 金 绿

图 1-10　题 31 图

32. 如图 1-11 所示电路，当开关 S 闭合时，电路中安培表 A 和伏特表 V 变化的情况是（　　）。

　　A. 安培表读数增加，伏特表读数增加

　　B. 安培表读数减小，伏特表读数减小

　　C. 安培表读数增加，伏特表读数减小

　　D. 安培表读数减小，伏特表读数增加

33. 如图 1-12 所示电路，R_1 和 R_2 及滑动变阻器 R 串联，R_1 和 R_2 两端电压分别为 U_1 和 U_2，开关闭合后，在滑动变阻器 R 的中心滑片向右滑动的过程中（　　）。

　　A. U_1 逐渐变小，U_1 和 U_2 的比值也逐渐变小

　　B. U_1 逐渐变小，U_1 和 U_2 的比值恒定不变

　　C. U_1 逐渐变大，U_1 和 U_2 的比值也逐渐变大

　　D. U_1 恒定不变，U_1 和 U_2 的比值也恒定不变

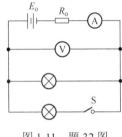

图 1-11　题 32 图

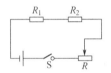

图 1-12　题 33 图

34. 用伏安法测电阻时，如图 1-13 所示，若被测电阻的值 R 很小。下列判断正确的是（　　）。

　　A. 如图（a）连接，测量误差较小　　B. 如图（b）连接，测量误差较小

　　C. 如图（a）连接，测得阻值偏小　　D. 如图（b）连接，测得阻值偏大

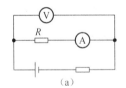
（a）

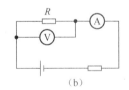
（b）

图 1-13　题 34 图

35. 用伏安法测一个电阻值远小于伏特表内阻的电阻器时，为了减小误差应（　　）。

　　A. 安培表内接　　　　　　　B. 安培表外接

　　C. A+B 的平均值　　　　　　D. A、B 均可以

36. 如图 1-14 所示电路，已知 R_1、R_2 为定值电阻，L 为小灯泡，R_3 为光敏电阻，当照射光强度增大时以下说法错误的是（　　）。

　　A. 电压表的示数增大　　　　B. R_2 中的电流增大

　　C. 小灯泡的功率增大　　　　D. 电路的路端电压降低

37. 如图 1-15 所示电路，电源电压 U 保持不变，在滑动变阻器滑片由 B 端滑向 A 端的过程中，下列说法错误的是（　　）。

A．V_1 的示数不变，V_2 的示数变大，R_1 的实际功率变大

B．V_1 的示数变大，V_2 的示数变大，R_1 的实际功率变大

C．V_1 的示数不变，V_2 的示数变大，R_2 的接入电阻变小

D．V_1 的示数不变，V_2 的示数变大，电路的总功率变大

38．如图 1-16 所示电路元件的吸收功率为 –10W，则 $U_{ab}=$ （   ）。

A．10V   B．–10V

C．20V   D．–20V

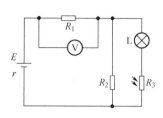

图 1-14　题 36 图

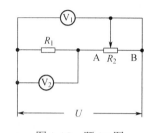

图 1-15　题 37 图

图 1-16　题 38 图

39．如图 1-17 所示电路的电灯灯丝被烧断，则（   ）。

A．安培表读数不变，伏特表读数为零

B．伏特表读数不变，安培表读数为零

C．安培表和伏特表的读数都为零

D．安培表和伏特表的读数都不变

40．如图 1-18 所示电路，已知 $R_1=14\Omega$，$R_2=9\Omega$，当开关扳到位置 1 时，A_1 表的读数为 0.2A，开关扳到位置 2 时，A_2 表的读数为 0.3A，则电源的电动势为（   ）。

A．5V   B．3V

C．2V   D．6V

41．如图 1-19 所示电路中的 R_L 在满足"匹配"条件时获得的最大功率是（   ）。

A．$P_{max}=E^2/4R_o$ B．$P_{max}=E^2 R_1/[4R_o(R_1+R_o)]$

C．$P_{max}=E^2/4R_L$ D．$P_{max}=E^2R_o/[4R_L(R_1+R_o)]$

42．电源的电动势为 E，内阻为 r，外电路的电阻 R 为多少时，电源的输出功率最大（   ）。

A．$R=2r$ B．$R=0$

C．$R=r$ D．$R=\dfrac{r}{2}$

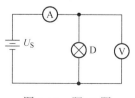

图 1-17　题 39 图

图 1-18　题 40 图

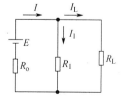

图 1-19　题 41 图

43．将一只"220V/40W"的白炽灯接在 110V 的电源上，它的实际电功率为（   ）。

A. 40W　　　　　　　　　　　　B. 10W

C. 30W　　　　　　　　　　　　D. 20W

44. 一块家用电能表上标有"1500r/kWh"的字样，若只让一台录音机工作，测得电能表旋转一周的时间恰好为100s，则这台录音机的功率是（　　　）。

A. 15W　　　　　　　　　　　　B. 24W

C. 41.7W　　　　　　　　　　　D. 66.7W

45. 运用数字式万用表测量直流电压时，如果表盘上只在高位显示"1"，最常见的原因是（　　　）。

A. 数字式万用表故障　　　　　　B. 被测电路故障

C. 被测值超过量程　　　　　　　D. 被测值过小

四、计算题

1. 在图 1-20 所示电路中，已知 $U_S=10V$，$r=0.1\Omega$，$R=9.9\Omega$，求开关在不同位置 A、B、C 时电流表和电压表的读数。

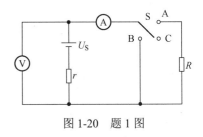

图 1-20　题 1 图

2. 如图 1-21 所示，将一只灯泡接在某稳压电源输出端 A、B 间时，其实际功率为 90W，若用导线接到离电源较远的 C、D 两点间时，其实际功率变为 40W，求输电导线上损失的功率为多少？

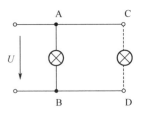

图 1-21　题 2 图

五、综合题

1．在图 1-22 所示电路中，电压 U 为 10V，电阻 R 为 5Ω。

（1）当 C、D 连接起来时，电路中的电流有多大？

（2）当内阻 R_A 为 0.1Ω 时的电流表接在 C、D 上时，电路中的电流有多大？

（3）当内阻 R_A 为 1Ω 时的电流表接在 C、D 上时，电路中的电流有多大？

（4）用串联在电路中的电流表测量电流，对测量结果有什么影响？哪一个电流表影响小一些？

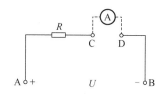

图 1-22　题 1 图

2．在图 1-23 所示电路中：

（1）当滑动变阻器 R_3 的滑动触头向左移动时，图中各电表的读数如何变化？为什么？

（2）滑动触头移到滑动变阻器左端时，各电表有读数吗？

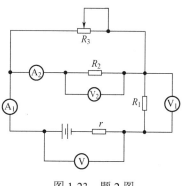

图 1-23　题 2 图

3. 教学楼每层走廊的中间装有一盏灯，而两头楼梯都有一个开关便于控制，为了从这一头开（或关）灯而到另一头能关（或开），请在图 1-24 中按设计要求把灯和开关接入电路。

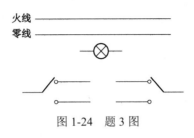

图 1-24 题 3 图

4. 学校的电铃需在传达室、办公室和值班室三处都能控制，试设计出这种能在三地控制同一个负载的电路图，并简述其工作原理。

直流电路基础知识单元测试（B）卷

时量：90 分钟　　　总分：100 分　　　难度等级：【中】

一、填空题（每空 1 分，共计 30 分）

1. 甲乙两种导体由同种材料做成，长度之比为 4∶5，直径之比为 2∶1，将它们并联后接入电路，则甲乙两导体消耗的功率之比为_____。

2. 某电源接上"40V/40W"的灯泡 40 盏（并联），灯泡两端电压为 30V；接上 80 盏时，灯泡两端电压为 20V，要使电灯能正常工作最合适应接_____盏这样的灯泡。

3. 某电源外接 50Ω 负载电阻时测得电流为 51mA，接 100Ω 负载电阻时，测得电流为 26mA，那么该电源的内阻为_____Ω。

4. 真空中的两个点电荷之间的距离缩小到原来的一半，则这两个电荷间相互作用力将是原来的_____倍。

5. 如图 1B-1 所示直流电路，元件吸收的功率 $P=200W$，则电流 I 为_____A。

6. 有两盏白炽灯，分别为"220V/40W"和"110V/60W"，则两灯的额定电流之比是_____；灯丝电阻之比是_____；把它们分别接到 110V 的电路中，它们的功率之比是_____。

7. 如图 1B-2 所示电路，已知 $U_{AO}=20V$，$U_{BO}=-7V$，$U_{CO}=-13V$，则 $V_A=$_____V；$V_O=$_____V；$V_C=$_____V。

8. 在电场中画出一系列曲线，使曲线上的每一点的_____方向都跟该点的电场方向一致，这些曲线就是_____线。

9. 如图 1B-3 所示实验电路，测得两组实验数据为：$I_1=2A$、$U_1=2V$，$I_2=3A$、$U_2=1V$，则该实际电源的电动势 $E=$_____，内阻 $r=$_____。

图 1B-1　题 5 图　　　　　　图 1B-2　题 7 图　　　　　　图 1B-3　题 9 图

10. 电压等于电路中两点的_____之差，电位等于电路中_____到参考点的电压。电路中各点电位的高低均相对于_____而言。

11. 一条电阻为 100Ω，长 100m 的导线，被拉长到 101m，其电阻变成了_____Ω。

12. 一个标有"100kΩ/10W"的电阻，使用时最高允许加的电压为_____V；有一个标有"1kΩ/10W"的电阻，允许通过的最大电流是_____A。

13．某直流电源，测得开路电压为30V，短路电流为5A，现将一个$R=9\Omega$的电阻接到电源的两端，则R上的电流为_____A，R两端的电压为_____。

14．负载大是指_____，电源实际输出功率的大小取决于_____。

15．有一个由电源和外电阻构成的简单闭合电路，当外电阻减半时，通过的电流增加到原来的1.5倍，则原外电阻与电源内阻之比为_____。

16．如图1B-4所示电路，电阻R为_____时获得最大功率，其值为_____。

17．如图1B-5所示为测量电源电动势E和R_0时的端电压和电流的关系曲线，根据曲线可知$E=$_____V；$R_0=$_____Ω。

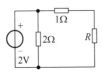

图1B-4　题16图

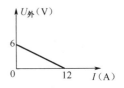

图1B-5　题17图

二、判断题（每小题1分，共计10分）

题号	1	2	3	4	5	6	7	8	9	10
答案										

1．电动势为6V，内阻为1Ω的电源与5Ω的负载电阻接成闭合回路，负载电阻上的电压降是5V。

2．公式$P=\dfrac{U^2}{R}$只适用于并联电路。

3．在直流电路中，电源输出功率大小由负载决定。

4．电源的开路电压为60V，短路电流2A，则负载从该电源获得的最大功率为30W。

5．欧姆定律不但适用于线性电路，也适用于非线性电路。

6．负载获得的最大功率就是电源输出的最大功率。

7．一般来说，负载电阻减小，负载变大，电源输出功率增加。

8．通过电阻上的电流增大到原来的2倍时，它所消耗的电功率将增大到原来的4倍。

9．电源电动势的大小由电源本身的性质所决定，与外电路无关。

10．指针式万用表处于电阻挡时，黑表笔接内部电池正极，红表笔接内部电池负极，保证测电阻时电流从黑表笔流出，从红表笔流入。

三、单项选择题（每小题2分，共计30分）

1．在下列规格的电灯泡中，灯丝电阻最大的是（　　　）。

A．200W/220V　　　　　　　　B．100W/220V

C．60W/220V　　　　　　　　 D．40W/220V

2．一个铜线绕制的线圈，20℃时其电阻为100Ω，已知铜电阻温度系数$\alpha=0.004$（1/℃），当线圈通电工作时电阻为 120Ω，则线圈的温度为（　　）。

    A．40℃   B．50℃

    C．70℃   D．100℃

3．如图 1B-6 所示电路，当滑动变阻器的滑动头向右滑动时，A、B 两点的电势将（　　）。

    A．V_A、V_B 都升高   B．V_A 降低、V_B 升高

    C．V_A 升高、V_B 降低   D．V_A、V_B 都降低

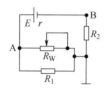

图 1B-6　题 3 图

4．"220V/40W" 和 "110V/40W" 的 A、B 两只灯泡并联后接在 110V 的电压上，A、B 两灯泡的电功率之比为（　　）。

    A．1∶1   B．2∶1

    C．1∶4   D．4∶1

5．有一个电源在负载电阻分别为 4Ω 和 9Ω 时，输出功率相等，则该电源的内阻为（　　）。

    A．4Ω   B．6Ω

    C．9Ω   D．12Ω

6．如图 1B-7 所示电路，开关 S 合上和断开时，各灯的亮度的变化是（　　）。

    A．没有变化

    B．开关 S 合上各灯亮些，开关 S 断开时各灯暗些

    C．开关 S 合上各灯暗些，开关 S 断开时各灯亮些

    D．无法判断，因为灯的电压不知道

7．如图 1B-8 所示电路，已知 U_{AO}=75V，U_{BO}=35V，U_{CO}=−25V，则 U_{CA} 为（　　）。

    A．50V   B．−50V

    C．100V   D．−100V

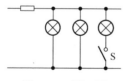

图 1B-7　题 6 图

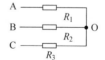

图 1B-8　题 7 图

8．如图 1B-9 所示电路，如果开关 S_1 闭合，而开关 S_2 打开，则（　　）。

    A．电流表 A_1 的读数小于电流表 A_2 的读数

    B．电流表 A_2 的读数小于电流表 A_1 的读数

    C．电流表 A_1 和电流表 A_2 都没有读数

    D．电流表 A_1 和电流表 A_2 有同样的读数

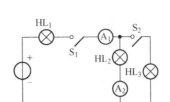

图 1B-9　题 8 图

9. 如图 1B-10 所示电路，哪一个陈述是错误的（　　）。

　　A．A_1 测量通过 HL_1 的电流　　　　　B．A_3 测量通过 HL_3 和 HL_4 的电流

　　C．A_2 测量通过 HL_2 的电流　　　　　D．A_1 测量通过 HL_2 的电流

10. 如图 1B-11 所示，要测量通过 R_2 的电流，电流表应串接在（　　）。

　　A．B 点和 C 点之间　　　　　　　　　B．D 点和 F 点之间

　　C．D 点和 E 点之间　　　　　　　　　D．E 点和 F 点之间

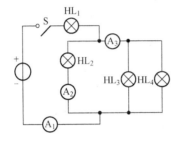

图 1B-10　题 9 图　　　　　　　图 1B-11　题 10 图

11. 某台电炉的实际工作电压仅达其额定电压的 1/3，则这台用电器的实际功率是额定功率的（　　）。

　　A．3 倍　　　　　　　　　　　　　　　B．1/3 倍

　　C．9 倍　　　　　　　　　　　　　　　D．1/9 倍

12. 某直流电源开路时电压为 15V，短路电流为 30A，现外接一个电阻，测得电流为 2A，则外接电阻的阻值为（　　）。

　　A．15Ω　　　　　　　　　　　　　　　B．7.5Ω

　　C．30Ω　　　　　　　　　　　　　　　D．7Ω

13. 某电阻上色环的颜色依次为：红、黑、橙、金，则该电阻的标称阻值和允许偏差分别为（　　）。

　　A．20Ω，±5%　　　　　　　　　　　　B．20kΩ，±5%

　　C．20Ω，±10%　　　　　　　　　　　 D．20kΩ，±10%

14. 某电阻用电流表内接法测量电阻值为 R_1，用电流表外接法测量电阻值为 R_2，其真实值为 R_0。则下列关系式中正确的是（　　）。

　　A．$R_1=R_2=R_0$　　　　　　　　　　　B．$R_1>R_0>R_2$

　　C．$R_1>R_2>R_0$　　　　　　　　　　　D．$R_2>R_0>R_1$

15. 某人用万用表电阻挡测量电阻，测量必要的步骤有以下几点：①调零；②选择合适的挡位；③断开被测电阻的电源线及连线；④表笔与被测电阻良好接触；⑤读数；⑥将

转换开关旋至交流电压最大挡。测量正确的顺序是（　　）。

    A．①②③④⑤⑥   B．①③②④⑤⑥

    C．③②①④⑤⑥   D．③①②④⑤⑥

四、计算题（20分）

1．如图 1B-12 所示电路，已知 E_1=10V，E_2=20V，R_1=5Ω，R_2=1Ω，R_3=4Ω，R_4=9Ω，R_5=30Ω，R_6=10Ω，求 V_a、V_b。（10分）

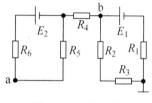

图 1B-12　题 1 图

2．照明电路端口电压 U=220V，电路中并接了 20 盏"220V/60W"的白炽灯，两条输电线的总电阻 R=2Ω。问：（10分）

（1）若只开 10 盏灯，则整个电路所消耗的电功率为多少？输电线上的压降和损失的功率各是多少？

（2）若 20 盏灯全开，则整个电路所消耗的电功率和输电线上的压降和损失的功率各是多少？

五、综合题（10分）

如图 1B-13 所示电路，已知：（1）开关 S 断开时电压表读数为 6V；（2）开关 S 闭合后电流表读数为 0.5A，电压表读数为 5.8V。试计算电动势 E 和内阻 R_0。（设 $R_V=\infty$，$R_A=0$）（10分）

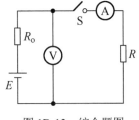

图 1B-13 综合题图

直流电路基础知识单元测试（C）卷

时量：90分钟　　总分：100分　　难度等级：【中】

一、填空题（每空 1 分，共计 30 分）

1. 在极低温（接近于绝对零度）的状态下，有些金属的电阻值突然变为_____，这种现象称为_____。

2. 一只"220V/40W"的灯泡，如果误接在 380V 的电压上，则灯泡功率为_____W，是否安全？_____。（填安全或不安全）

3. 电阻 R 在图 1C-1 所示参考方向下伏安特性如图 1C-2 所示，则电阻 R 的阻值为_____。

图 1C-1　题 3 图

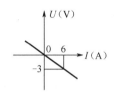

图 1C-2　题 3 图

4. 某均匀直导线两端加上 3V 电压时，流过导线的电流为 0.2A，则该导线的电阻为_____，若将该导线对折后仍加上 3V 电压，则导线中的电流为_____。

5. 电路的工作状态有_____、_____和_____。

6. 电气设备正常工作时的电压、电流最高限值，称为_____。

7. 电阻两端的电压与流过电阻的电流不成正比关系的电阻称为_____电阻。

8. 把一只额定电压为 220V，额定功率为 60W 的电灯泡接入照明电路中，则电灯泡的热态电阻 $R=$_____Ω。

9. 在图 1C-3 所示电路中，R 的阻值等于 200Ω，电压表的读数为 40V，安培表的读数是 $I=$_____。

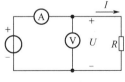

图 1C-3　题 9 图

10. 在一个电热锅上标出的数值是：220V/4A。这表示这个锅必须接 220V 电源，那时的电流将是_____A。计算出这个锅的加热元件接通后的电阻值 $R=$_____。

11．在测量电流的时候，把电流表串联在电路中也几乎不影响电路参数的变化，是因为它的内阻_____。

12．额定电压220V，额定功率1000W的电炉接在110V电源上其功率约为_____W，若将电阻丝两端并联，接110V电源的一极，电阻丝中心抽头接电源的另一极，则功率为_____W。

13．电动势与电压具有不同的物理意义，电动势衡量_____做功的本领，而电压则衡量_____做功的本领。

14．一盏规格为"220V/40W"的白炽灯，当接于220V直流电源工作10h，消耗的电能为_____kWh。

15．标有"220V/100W"的灯泡，经过一段导线接在220V的电源上，它的实际功率为81W，则导线上损耗的功率是_____W。

16．当电荷$q=1×10^{-2}$C从a点移动到b点时，电场力做功2J，若a点电位为110V，则b点电位为_____V。

17．电流强度为2A的电流在1小时内通过导体横截面的电量是_____C。

18．有一盏40W白炽灯，额定电压为220V，每天工作5小时，一个月（按30天计）消耗的电能为_____kWh。

19．如图1C-4是两个电阻的伏安特性，则R_a比R_b_____（大，小）。$R_a=$_____Ω。

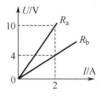

图1C-4　题19图

20．标示为"220V/40W"的灯泡每小时消耗的电能为_____，合_____J。

二、判断题（每小题1分，共计10分）

题号	1	2	3	4	5	6	7	8	9	10
答案										

1．电路中各点电位与参考点有关，但两点间电压与参考点无关。

2．在电源内部电流的方向总是从电源的负极流向电源的正极。

3．实际负载上的电压、电流方向都是关联方向。

4．电路的短路和开路都属于故障状态。

5．电路模型中的元件都是理想电路元件。

6．在电源电压一定的情况下，电阻大的负载是大负载。

7．将两只"220V/110W"灯泡串联后，接入380V电路，灯泡会烧毁。

8．电路消耗电能转化成其他形式的能的过程，就是电流做功的过程。

9. 电流表内阻越大，测量误差越大。

10. 电场中某点的场强方向总是与负电荷在该点受到的电场力方向相反。

三、单项选择题（每小题 2 分，共计 30 分）

1. 在用电流表外接法测电阻的电路中，被测电阻的实际值 R 与测量值 R_0 的正确关系是（　　）。

    A．$R>R_0$ B．$R<R_0$

    C．$R= R_0$ D．不能确定

2. 在远距离输电中，输电的容量一定，输电线上损失的电功率（　　）。

    A．与输电电压成正比   B．与输电电压成反比

    C．与输电电压的平方成正比   D．与输电电压的平方成反比

3. 电路中的用电设备在超过额定条件下运行的状态叫（　　）。

    A．满载   B．空载

    C．过载   D．轻载

4. 某电源开路电压为 120V，短路电流为 2A，则负载从该电源获得的最大功率是（　　）。

    A．240W   B．600W

    C．60W   D．100W

5. 额定电压均为 220V 的 40W、60W 和 100W 三只灯泡串联接在 220V 的电源上，它们的发热量由大到小排列为（　　）。

    A．100W、60W 和 40W   B．40W、60W 和 100W

    C．100W、40W 和 60W   D．60W、100W 和 40W

6. 某直流电源的开路电压为 15V，短路电流为 30A，现外接一个电阻，测得电流为 2A，则外接电阻的阻值为（　　）。

    A．15Ω   B．7.5Ω

    C．30Ω   D．7Ω

7. 在空气中有两个带电荷的小球，当相距 2m 时，相互间的库仑力是 3.6N，若将两个小球之间的距离变为 4m，则库仑力变为（　　）。

    A．0.9N   B．3.6N

    C．1.8N   D．7.2N

8. 在用万用表测量电阻之前，首先应进行欧姆调零，这相当于在测量的电阻线路中接入的电阻值为（　　）。【省对口招生考试试题】

    A．无穷大   B．10kΩ

    C．1kΩ   D．0Ω

9. 测得一个有源二端网络的开路电压为 60V，短路电流为 3A，若将一个阻值 $R=100Ω$ 的电阻器接到该网络的引出点，则电阻器上的电压为（　　）。

    A．60V   B．50V

    C．300V   D．0V

10. 白炽灯灯丝断后搭上再使用，往往比原来要亮些，这是因为（   ）。

    A．电阻增大，功率增大　　　　　　B．电阻减小，功率减小

    C．电阻减小，功率增大　　　　　　D．电阻增大，功率减小

11. 如图 1C-5 所示电路，E 为理想电压源，开关 S 从断开状态合上以后，电路中物理量的变化情况是（   ）。

    A．I 增加　　　　　　　　　　　　B．U 下降

    C．I_1 减少　　　　　　　　　　　D．I 不变

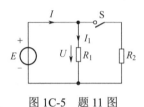

图 1C-5　题 11 图

12. 电量为 $+3q$ 的金属小球 A 和带电量为 $-q$ 的同样大小的金属小球 B 在真空中相距为 r，相互作用力为 F，将它们接触后再放回真空相距 $2r$ 时，它们间的作用力为（   ）。

    A．$\dfrac{1}{4}F$　　　　　B．$\dfrac{1}{2}F$　　　　　C．$\dfrac{1}{12}F$　　　　　D．$\dfrac{3}{4}F$

13. 一段通电导体由三段截面积均匀的导体组成（截面积 $S_1 \neq S_2 \neq S_3$），则通过导体中截面上的电流强度（   ）。

    A．与截面积成正比　　　　　　　　B．与各截面积无关

    C．随各截面积的变化而变化　　　　D．不能确定

14. 一条长度为 L，粗细均匀的导线，接在电动势为 E，内阻可忽略不计的电源上，导线在 1min 内产生的热量为 Q_1，现将导线对折成双股接到同一个电源上，在 1min 内产生的热量为 Q_2，则（   ）。

    A．$Q_2=2Q_1$　　　　　　　　　　B．$Q_2=4Q_1$

    C．$Q_2=8Q_1$　　　　　　　　　　D．$Q_2=16Q_1$

15. 两电阻的伏安特性如图 1C-6 所示，其中 Oa 为电阻 R_1 的图线，Ob 为电阻 R_2 的图线，由图可知（   ）。

    A．$R_1>R_2$　　　　　　　　　　　B．$R_1=R_2$

    C．$R_1<R_2$　　　　　　　　　　　D．不能确定

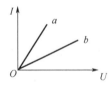

图 1C-6　题 15 图

四、计算题（20分）

1. 如图 1C-7 所示电路，$E_1=E_2=10V$，$E_3=2V$，$R_1=8\Omega$，$R_2=4\Omega$，$R_3=12\Omega$，$R_4=4\Omega$，求 A、B 点的电位。（10 分）

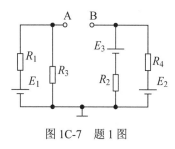

图 1C-7　题 1 图

2. 如图 1C-8 所示电路，$U_{AO}=2V$，$U_{BO}=-7V$，$U_{CO}=-3V$。试求 V_A、V_O 和 V_C 的值。（10 分）

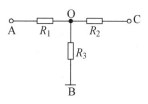

图 1C-8　题 2 图

五、综合题（10分）

如图 1C-9 所示电路，已知 $E=6V$，$r=0.5\Omega$，$R=11.5\Omega$，分别求开关扳到 1、2、3 位置时电压表和电流表的读数。（10分）

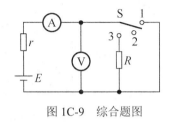

图 1C-9　综合题图

第二章　复杂直流电路

一、填空题

1. 在电阻并联电路中，各电阻上的_____相同，各电阻通过的电流与其电阻值成_____比，各电阻所耗功率与其电阻值成_____比。

2. 一个电饭煲的工作电流为 3.2A，一盏电灯的工作电流为 0.32A，则_____只这样相同的灯泡_____连接时的总电流与一个电饭煲的工作电流相同。

3. 用万用表可测量电流、电压和电阻。测量电流时应把万用表_____在被测电路中；测量电压时应把万用表和被测部分_____，测量电阻前或每次更换倍率时应调节_____，并且应将被测电路中的电源_____。

4. 已知电阻 $R_1=2R_2$，将两电阻串联使用，则 $U_1=$_____U_2，$P_1=$_____P_2；若将两电阻并联使用，则 $U_1=$_____U_2，$P_1=$_____P_2。

5. 如图 2-1 所示电路，A、B 之间的等效电阻 $R_{AB}=$_____Ω。

6. 如图 2-2 所示电路，a、b 间的等效电阻 $R_{ab}=$_____Ω。

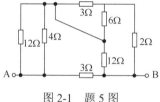

图 2-1　题 5 图

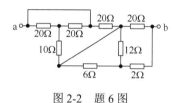

图 2-2　题 6 图

7. 如图 2-3 所示电路，A、B 两点间的等效电阻 $R_{AB}=$_____Ω。

8. 如图 2-4 所示电路，A、B 间的等效电阻为_____Ω。

9. 如图 2-5 所示电路，A、B 间的等效电阻为_____Ω。

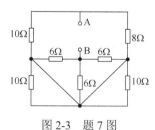

图 2-3　题 7 图

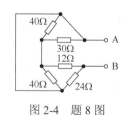

图 2-4　题 8 图

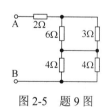

图 2-5　题 9 图

10. 如图 2-6 所示电路，开关打开时 $R_{AB}=$_____Ω，开关闭合时 $R_{AB}=$_____Ω。

11. 如图 2-7 所示电路，当开关 S 断开时，$R_{AB}=$_____Ω，开关 S 闭合时，$R_{AB}=$_____Ω。

12. 如图 2-8 所示电路，$R_1=R_2=R_3$，R_1 消耗的功率为 8W，三个电阻消耗的总功率为_____。

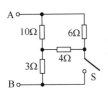

图 2-6 题 10 图

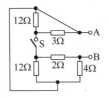

图 2-7 题 11 图

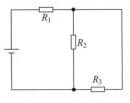

图 2-8 题 12 图

13．如图 2-9 所示电路，R_{ab}=_____。

14．在图 2-10 所示电路中，A、B 间的等效电阻为_____Ω。

15．如图 2-11 所示电路，已知 V_A=100V，V_B=−30V，I=0，则 R=_____Ω。

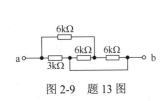

图 2-9 题 13 图

图 2-10 题 14 图

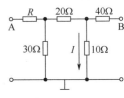

图 2-11 题 15 图

16．如图 2-12 所示电路，已知 R_1=R_2=R_3，则开关 S 断开和闭合时，电阻 R_1 上消耗的功率之比为_____。

17．如图 2-13 所示电路，开关 S 打开时等效电阻 R_{ab}=_____Ω。

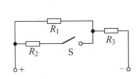

图 2-12 题 16 图

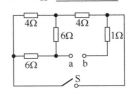

图 2-13 题 17 图

18．将 R_1>R_2>R_3 的三个电阻串联，电阻_____从电源取用的功率最大；若并联，则电阻_____从电源取用的功率最大。

19．20 个阻值均为 1Ω 的电阻，将它们串联时总电阻为_____Ω，将它们并联时总电阻为_____Ω。

20．某用电器的电阻是 120Ω，要使电路中的总电流的 $\frac{1}{3}$ 通过这个用电器，应在该用电器上_____联一个_____Ω 的电阻；若要使用电器两端的电压是总电压的 $\frac{1}{3}$，则应在该用电器上_____联一个_____Ω 的电阻。

21．三个电阻的阻值分别为 12Ω、10Ω、40Ω，将它们串联后的总电阻为_____Ω，并联后的总电阻为_____Ω。

22．两个电阻器的阻值 R_1>R_2，串联后的等效阻值为 90Ω，并联后的等效阻值为 20Ω，则 R_1=_____Ω，R_2=_____Ω。

23．如图 2-14 所示电路，伏特表的内阻很大，每个电池的电动势为 3V，内阻为 0.3Ω，则伏特表的读数是_____，电池组的内阻是_____。

24．在图 2-15 所示电路中，A 点对地的电位 V_A 为_____。

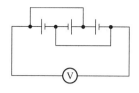

图 2-14　题 23 图

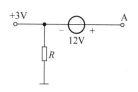

图 2-15　题 24 图

25．如图 2-16 所示电路，开关 S 打开时 V_A=_____；开关 S 闭合时 V_A=_____。

26．如图 2-17 所示电路，开关 S 断开时，V_A=_____，开关 S 闭合时 V_A=_____。

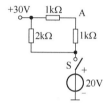

图 2-16　题 25 图

图 2-17　题 26 图

27．基尔霍夫电流定律研究的是_____之间的关系，其内容指出：流过电路任一节点的_____，数学表达式为_____；基尔霍夫电压定律研究的是_____之间的关系，其内容指出：从电路的任一点出发绕任意回路一周回到该点时，_____为零，数学表达式为_____。

28．用支路电流法解复杂直流电路时，应先列出_____个节点电流方程，然后再列出_____个回电压方程（假设电路有 n 条支路，m 个节点，且 $n>m$）。

29．基尔霍夫第二定律表明，在任意回路中_____的代数和恒等于各电阻上_____的代数和，其数学表达式为_____。

30．不构成回路的支路，其_____一定为零。

31．对于回路 abcda，已知 U_{ab}、U_{bc}、U_{cd} 和 U_{da}，则_____=0。

32．三个 6Ω 的电阻连接成三角形，则其等效的星形连接的三个电阻均应等于_____Ω。

33．如图 2-18 所示电路，15Ω 电阻上的电压降为 30V，其极性如图示，则电阻 R 的阻值为_____Ω。

34．如图 2-19 所示电路，则 R_1=_____Ω；R_2=_____Ω；四个电阻吸收的总功率为_____W。

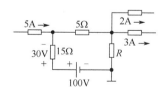

图 2-18　题 33 图

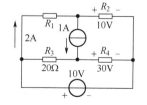

图 2-19　题 34 图

35．如图 2-20 所示电路，若 I_1=3A，则 I_S=_____。

36．在图 2-21 所示电路中，电流 $I=$＿＿＿＿＿＿＿A。

37．如图 2-22 所示，A、B 端开路，$R_{AB}=$＿＿＿＿＿＿，$U_{AB}=$＿＿＿＿＿。

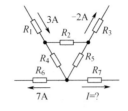

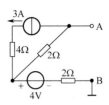

图 2-20　题 35 图　　　　图 2-21　题 36 图　　　　图 2-22　题 37 图

38．若将图 2-23 所示的虚线框内的含源网络变换为一个等效的电压源，则电压源的电动势为＿＿＿＿＿V。

39．如图 2-24 所示电路，已知 $E_1=6V$，$E_2=3V$，$R_1=R_2=R_3=2\Omega$，则电流 $I_3=$＿＿＿＿＿；电压 $U_{AB}=$＿＿＿＿＿。

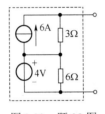

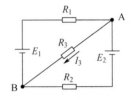

图 2-23　题 38 图　　　　　　图 2-24　题 39 图

40．如图 2-25 所示电路的等效电压源参数为 $U_{ab}=$＿＿＿＿＿＿，$R_{ab}=$＿＿＿＿＿＿。

41．如图 2-26 所示电路，开路电压 $U_{OC}=$＿＿＿＿＿＿。

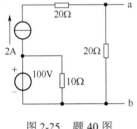

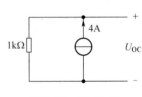

图 2-25　题 40 图　　　　　　图 2-26　题 41 图

42．在图 2-27 所示电路中的 20V 电压源的功率为＿＿＿＿＿＿W，电流源两端电压 U 为＿＿＿＿＿V。

43．如图 2-28 所示电路，其开路电压 $U_{OC}=$＿＿＿＿＿＿V。

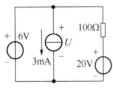

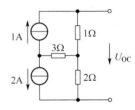

图 2-27　题 42 图　　　　　　图 2-28　题 43 图

44．如图 2-29 所示电路，其等效电压源模型参数，$U_{AB}=$_____V；$R_{AB}=$_____Ω。

45．在图 2-30 所示电路中，若 $I=0$，则 $V_A=$_____V；若 $V_A=8V$，则 $I=$_____A。

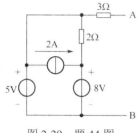

图 2-29　题 44 图

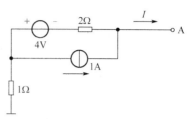

图 2-30　题 45 图

46．如图 2-31 所示电路，$U_{AB}=$_____，$R_{AB}=$_____。

47．如图 2-32 所示电路，当 $R=$_____Ω 时，可获得最大功率，且最大功率为_____W。

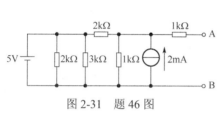

图 2-31　题 46 图

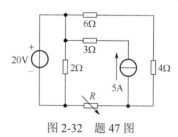

图 2-32　题 47 图

48．在图 2-33 所示电路中，S 闭合时的电流 I 为 S 断开时的 1.25 倍，则 $R=$_____，S 闭合时的电流 I 为_____。

49．在图 2-34 所示电路中，当 $R=21Ω$ 时电流为 I，若要求 I 升至原来的 3 倍，而电路其他部分均不变，则电阻 R 应为_____Ω。

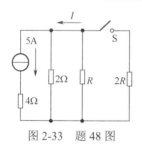

图 2-33　题 48 图

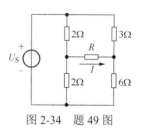

图 2-34　题 49 图

50．如图 2-35 所示电路，已知 $E=13V$，$R_1=10Ω$，$R_2=3Ω$，$R_3=20Ω$，$R_4=6Ω$，则检流计中的电流 I_g 为_____A，电路中的总电流 I 为_____A。

51．如图 2-36 所示电路，如使 I 增加为 $2I$，8Ω 的电阻应换为_____Ω。

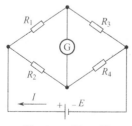

图 2-35　题 50 图

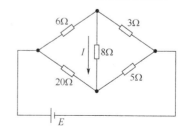

图 2-36　题 51 图

二、判断题

题号	1	2	3	4	5	6	7	8	9	10	11	12	13
答案													

1．电压表的附加电阻必须与表头串联。

2．在"220V/1000W"的电炉与"220V/100W"的灯泡中，灯泡的电阻较小。

3．电阻器中的电流方向总是从高电位点流向低电位点。

4．在电阻分压电路中，电阻值越大，其两端电压就越高。

5．几个电阻并联后的总等效电阻总是小于任何一个分电阻。

6．已知某一电路中两个元件的端电压相等，则这两个元件一定并联。

7．基尔霍夫第一定律与各支路上的元件是否线性有关。

8．电路中的任意一个封闭面都是回路。

9．电路中任一回路都可以称为网孔。

10．电压源和与它等效的电流源的内部是等效的。

11．如果电压源 A 与电流源 B 等效，则 A、B 两个电源的外特性相同。

12．叠加原理适用于线性电路中的电压、电流及功率的计算。

13．电桥电路与混联电路一样，都能用串、并联电路的规律进行分析与计算。

三、单项选择题

1．在某一全电路中，其外部电阻由三个电阻器串联而成，已知 $R_1=2R_2$，$R_2=2R_3$，测得 R_2 两端电压为 6V，则其端电压为（　　）。

    A．10V　　　　　B．15V　　　　　C．21V　　　　　D．25V

2．在图 2-37 所示电路中，已知 $U_{AB}=12V$，$R_1=R_2=2R_3$，若要求在 C、D 端间获得 4V 的输出电压，则开关 S_1 和 S_2 的通断状态应是（　　）。

    A．S_1 和 S_2 都闭合　　　　　　　　B．S_1 和 S_2 都断开

    C．S_1 断开，S_2 闭合　　　　　　　D．S_1 闭合，S_2 断开

3．如图 2-38 所示电路的输出电压 $U_{AB}=$（　　）。

    A．32V　　　　　B．28V　　　　　C．24V　　　　　D．0V

4．如图 2-39 所示电路，$I_1=6A$，$I_2=8A$，则通过 3Ω 电阻的电流为（　　）。

    A．8A　　　　　B．6A　　　　　C．14A　　　　　D．无法确定

图 2-37　题 2 图

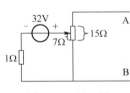
图 2-38　题 3 图

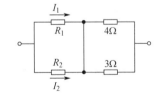
图 2-39　题 4 图

5．R_1 和 R_2 为两个串联电阻，已知 $R_1=4R_2$，若 R_1 上消耗的功率为 1W，则 R_2 上消耗的功率为（　　）。

A．5W   B．20W   C．0.25W   D．0.5W

6．电阻 R_1=6Ω，设计电压为3V，现接在10V电源上，要使它正常运行，应（　　）。

    A．限制电流不超过1A   B．串联一个14Ω的分压电阻

    C．并联一个3Ω的分流电阻   D．串联一个12Ω的分压电阻

7．有一个伏特表，其内阻 R_V=1.8kΩ，现在要将伏特表的量程扩大为原来的10倍，则应（　　）。

    A．用18kΩ的电阻与伏特表串联

    B．用180Ω的电阻与伏特表并联

    C．用16.2kΩ的电阻与伏特表串联

    D．用180Ω的电阻与伏特表串联

8．R_1 和 R_2 为两个串联电阻，已知 R_1=4R_2，若 R_1 上消耗的功率为1W，则 R_2 上消耗的功率为（　　）。

    A．5W   B．20W   C．0.25W   D．400W

9．R_1 和 R_2 为两个并联电阻，已知 $R_1 = \dfrac{R_2}{3}$，则 R_1 上消耗的功率是 R_2 上消耗功率的（　　）。

    A．3倍   B．4倍   C．$\dfrac{1}{3}$倍   D．$\dfrac{1}{4}$倍

10．两个电阻阻值相同，串联等效电阻为20Ω，并联等效电阻为（　　）。

    A．5Ω   B．10Ω   C．20Ω   D．40Ω

11．如图2-40所示电路中的 R_{ab} 为（　　）。

    A．5Ω   B．10Ω   C．15Ω   D．20Ω

12．在图2-41所示电路中，各电阻器阻值相等，有一电源要接到电路上，若要使总电流的示数最大，则电源应接在（　　）。

    A．A、B两点   B．B、C两点

    C．A、C两点   D．任意两点间

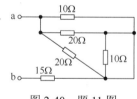

图2-40　题11图

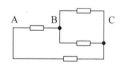

图2-41　题12图

13．①如图2-42所示当电路中可调电阻器 R 的阻值增大时，电压表 V_1 的读数将（　　）；②电压表 V_2 的读数将（　　）；③电流表 A_1 的读数将（　　）；④电流表 A_2 的读数将（　　）。

    A．变大   B．变小   C．不变   D．难以确定

14．在图2-43所示电路中，已知 I_1=0.8mA，I_2=1.2mA，R=50kΩ，则电压 U=（　　）。

    A．−20V   B．20V   C．50V   D．−50V

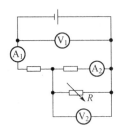

图 2-42　题 13 图

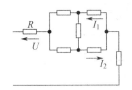

图 2-43　题 14 图

15．在图 2-44 所示电路中，A 点电位为（　　　）。

　　A．10V　　　　　　B．14V　　　　　　C．18V　　　　　　D．20V

16．在图 2-45 所示电路中，A 点的电位为（　　　）。

　　A．6V　　　　　　　B．8V　　　　　　　C．−2V　　　　　　D．10V

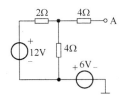

图 2-44　题 15 图

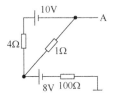

图 2-45　题 16 图

17．如图 2-46 所示电路，阻值为 2Ω 的电阻中的电流 I 的值是（　　　）。

　　A．0A　　　　　　　B．2A　　　　　　　C．3A　　　　　　　D．6A

18．同一支路中（　　　）。

　　A．电压（或电位差）处处相等　　　　　　B．电势（即电位）处处相等

　　C．电流强度处处相等　　　　　　　　　　D．电阻值的大小处处相等

19．在图 2-47 所示电路中的电流 I 为（　　　）。

　　A．0A　　　　　　　B．1A　　　　　　　C．2A　　　　　　　D．3A

20．如图 2-48 所示电路，如果电阻 R_1 增大，则表 A 的读数（　　　）。

　　A．增大　　　　　　B．减小　　　　　　C．不变　　　　　　D．不定

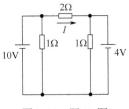

图 2-46　题 17 图

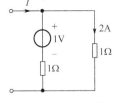

图 2-47　题 19 图

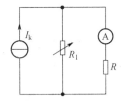

图 2-48　题 20 图

21．如图 2-49 所示电路，电流 I 为（　　　）。

　　A．2A　　　　　　　B．2.5A　　　　　　C．4.5A　　　　　　D．4A

22．在图 2-50 所示电路中，已知 $U_S=2V$，$I_S=1A$，$R=1Ω$，A、B 两点间的电压 U_{AB} 为

（　　　）。

　　A．−1 V　　　　　　B．0 V　　　　　　　C．1 V　　　　　　　D．2 V

23. 如图 2-51 所示电路，两个电源的功率是（　　　）。

　　A．P_{Us}=4W（消耗），P_{Is}=4W（产生）

　　B．P_{Us}=4W（产生），P_{Is}=4W（消耗）

　　C．P_{Us}=4W（消耗），P_{Is}=8W（产生）

　　D．P_{Us}=4W（产生），P_{Is}=8W（消耗）

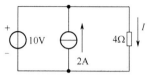 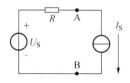 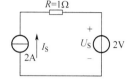

图 2-49　题 21 图　　　　图 2-50　题 22 图　　　　图 2-51　题 23 图

24. 如图 2-52 所示电路，当开关合上后，（　　　）。

　　A．恒压源 E 产生的功率将增大　　　　B．恒压源 E 产生的功率将减小

　　C．恒流源消耗的功率将减少　　　　D．恒流源消耗的功率将增大

25. 如图 2-53 所示电路，当可调电阻器 R 的中心抽头向右滑动时电流源（　　　）。

　　A．产生的功率减小　　　　B．产生的功率增加

　　C．消耗的功率减小　　　　D．消耗的功率增加

26. 如图 2-54 所示电路，正确的结论是（　　　）。

　　A．电压源产生功率 20W，电阻吸收功率 20W

　　B．电压源吸收功率 60W，电流源产生功率 80W

　　C．电压源产生功率 80W，电流源吸收功率 80W

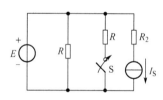 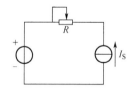 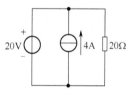

图 2-52　题 24 图　　　　图 2-53　题 25 图　　　　图 2-54　题 26 图

27. 如图 2-55 所示电路，当开关 S 闭合后，电流源提供的功率（　　　）。

　　A．变小　　　　　B．变大　　　　　C．不变　　　　　D．为零

28. 如图 2-56 所示电路，I_{S_1}=3A，I_{S_2}=2A，U_s=10V，那么正确的答案应是（　　　）。

　　A．恒流源 I_{S_1} 输出的功率为 30W　　　　B．恒流源 I_{S_1} 消耗的功率为 30W

　　C．恒压源 U_s 消耗的功率为 5W　　　　D．恒流源 I_{S_2} 消耗的功率为 5W

29. 叠加定理主要用于（　　　）。

　　A．计算线性电路的电流、电压及功率

　　B．计算线性电路的电流和电压

　　C．计算非线性电路的电流、电压及功率

　　D．计算非线性电路的功率

30. 如图 2-57 所示电路，当 U_i=10V 时，测得 U_o=2V，当 U_i 上升至 20V 时，U_o 应为

（ ）。

    A．2V   B．4V   C．8V   D．无法计算

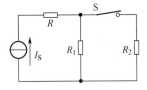   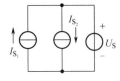   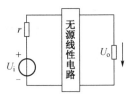

图 2-55　题 27 图　　　　图 2-56　题 28 图　　　　图 2-57　题 30 图

31．如图 2-58 所示电路，a、b 之间的开路电压 U_{ab} 为（ ）。

    A．–10V   B．–20V   C．10V   D．20V

32．将图 2-59 所示电路化简为一个电压源 U_S 和电阻 R_S 串联的电路，其中 U_S 和 R_S 分别为（ ）。

    A．U_S=2V，R_S=1Ω   B．U_S=1V，R_S=2Ω

    C．U_S=2V，R_S=0.5Ω   D．U_S=1V，R_S=1Ω

33．在图 2-60 所示电路中，E_1=9V、E_2=12V、R_1=3Ω、R_2=6Ω，当 R_3 取（ ）值时，可获得最大的功率，且 P_{max} 为（ ）。

    A．1Ω   B．0.36W   C．2Ω   D．0.5W

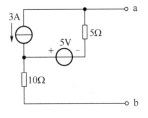   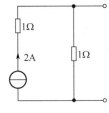   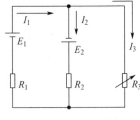

图 2-58　题 31 图　　　　图 2-59　题 32 图　　　　图 2-60　题 33 图

34．如图 2-61 所示电路，a、b 两端的等效电阻和开路电压为（ ）。

    A．5Ω，4V   B．6Ω，6V

    C．2Ω，6V   D．条件不足无法计算

35．如图 2-62 所示电路，电阻 R 获得最大功率的条件是 R=（ ）。

    A．1.2Ω   B．2Ω   C．3Ω   D．5Ω

36．如图 2-63 所示电路，负载电阻 R 获得最大功率的条件是 R=（ ）Ω。

    A．2   B．3   C．6   D．9

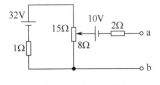   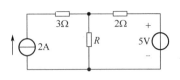   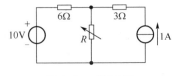

图 2-61　题 34 图　　　　图 2-62　题 35 图　　　　图 2-63　题 36 图

37．用惠斯顿电桥来测量电阻是采用了（ ）。

    A．直接测量法   B．间接测量法   C．比较测量法   D．综合测量法

38．在图 2-64 所示的电桥电路中，当灵敏电流计中的电流为零时，以下正确的是（ ）。

A．桥支路两端的电位不相等，其电位差 $U_G=0$

B．未知电阻的阻值 $R_X=3\Omega$

C．未知电阻 R_X 的测量精度与电源电压的高低无关

D．已知电阻和电流计的精确度决定了 R_X 的测量值

39．在图 2-65 所示电路中，U_{ab} 为（ ）。

A．0V   B．4.5V   C．–4.5V   D．21V

40．在图 2-66 所示电路中，要使阻值为 2Ω 的电阻器中的电流 I 为 1A，则电压源的电压为（ ）。

A．9V   B．36V

C．18V   D．条件不足无法计算

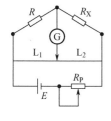

图 2-64　题 38 图

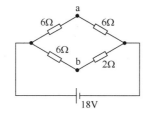

图 2-65　题 39 图

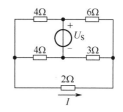

图 2-66　题 40 图

四、计算题

1．有一个两量程的电流表，量程分别为 0.1A 和 1A，已知 $R_g=200\Omega$，$I_g=2mA$，试画出原理图，并求分流电阻 R_1、R_2。

2．如图 2-67 所示电路，已知 $R_s=0.6\Omega$，$R_1=7\Omega$，$R_2=6\Omega$，$R_3=4\Omega$，电压表读数为 6V，则电动势 E 为多少？电流表读数为多少？

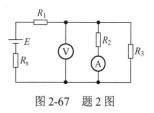

图 2-67　题 2 图

3．求图 2-68 所示电路中的 R_{ab}。已知 $R_1=R_5=R_6=40\Omega$，$R_2=R_3=R_4=30\Omega$。

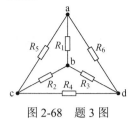

图 2-68　题 3 图

4．求图 2-69 所示电路中开关 S 打开及合上两种情况下的 A 点的电位和电流 I。

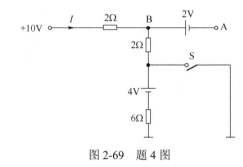

图 2-69　题 4 图

5．在图 2-70 所示电路中，已知 $I=40\text{mA}$，$I_2=24\text{mA}$，$R_1=1\text{k}\Omega$，$R_2=2\text{k}\Omega$，$R_3=10\text{k}\Omega$，则电流表的读数为多少？

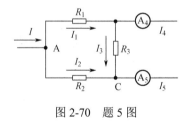

图 2-70　题 5 图

6．如图 2-71 所示电路，已知 $E_1=12\text{V}$，$E_2=8\text{V}$，$E_3=10\text{V}$，$R_1=7\Omega$，$R_2=R_3=R_4=5\text{k}\Omega$，求 R_3 中的电流 I_3。

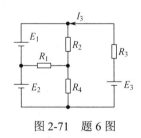

图 2-71　题 6 图

7. 如图 2-72 所示电路，已知电阻 R_1=10Ω，R_2=5Ω，R_3=20Ω，R_4=10Ω，求 A 点的电位。

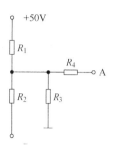

图 2-72　题 7 图

8. 如图 2-73 所示电路，已知 U_{S1}=40V，U_{S2}=25V，U_{S3}=5V，R_1=5Ω，R_2=R_3=10Ω，求各支路电流。

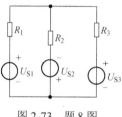

图 2-73　题 8 图

9. 用支路电流法求图 2-74 所示电路中各支路的电流 I_1、I_2、I_3。

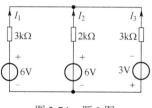

图 2-74　题 9 图

10. 用支路法求图 2-75 所示电路中各支路电流。

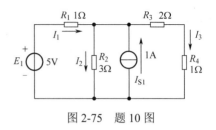

图 2-75   题 10 图

11. 如图 2-76 所示电路，已知 $U_{S1}=8V$，$U_{S2}=4V$，$I_S=5A$，$R_1=4\Omega$，$R_2=2\Omega$，$R_3=4\Omega$，运用弥尔曼定理求各支路电流和电流源电压。

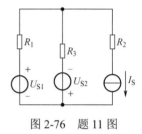

图 2-76   题 11 图

12. 如图 2-77 所示电路，已知 $E_1=12V$，$E_2=8V$，$E_3=4V$，$R_1=10\Omega$，$R_2=2\Omega$，$R_3=5\Omega$，求流过 R_1、R_2、R_3 的电流。

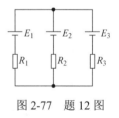

图 2-77   题 12 图

13. 如图 2-78 所示电路，已知 $E_1=130V$，$E_2=117V$，$R_1=1\Omega$，$R_2=0.6\Omega$，$R_3=24\Omega$，求流过 R_1、R_2、R_3 的电流。

图 2-78   题 13 图

14．运用弥尔曼定理计算图 2-79 所示电路中的电压 U。

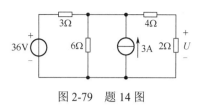

图 2-79　题 14 图

15．如图 2-80 所示电路，已知 $U_S=20V$，$I_S=12A$，$R_1=5Ω$，$R_2=3Ω$，$R_3=5Ω$，用叠加定理求 R_3 中电流 I。

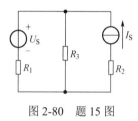

图 2-80　题 15 图

16．如图 2-81 所示电路，试用叠加原理求电流 I。（要求画出叠加分图）

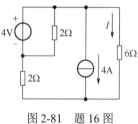

图 2-81　题 16 图

17．如图 2-82 所示电路，已知 $E_1=8V$，$R_1=R_2=4Ω$，$R_3=3Ω$，$R_4=5Ω$，$I_{S1}=4A$，$I_{S2}=3A$，试用电源的等效变换求通过 R_4 的电流。

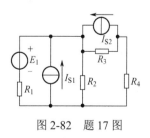

图 2-82　题 17 图

18. 如图 2-83 所示电路，求 A、B 两点之间的开路电压和短路电流。

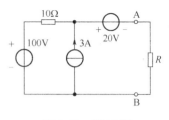

图 2-83　题 18 图

19. 求图 2-84 所示电路中 R_3 为何值时，R_5 支路中的电流 $I_5=0$？

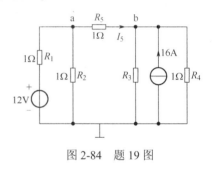

图 2-84　题 19 图

20. 已知 E=12V，内阻不计，R_4=9Ω，R_2=6Ω，R_3=18Ω，求图 2-85 所示电路中 R_1 为何值时可获得最大功率？最大功率等于多少？

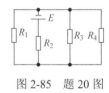

图 2-85　题 20 图

21. 在图 2-86 所示有源二端网络中，U_{S1}=24V，U_{S2}=6V，I_S=10A，$R_1=R_2$=3Ω，R_3=2Ω，求此电路的戴维南等效电路，并画出等效电路图。

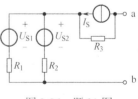

图 2-86　题 21 图

22．如图 2-87 所示电路，已知 E_1=14V，E_2=9V，R_1=20Ω，R_2=5Ω，R_3=6Ω，用戴维南定理求流过 R_3 的电流。

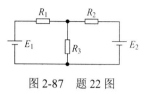

图 2-87 题 22 图

23．如图 2-88 所示电路，已知 R_1=20Ω，R_2=5Ω，R_3=6Ω，E_1=140V，E_2=90V，求各支路电流。

（1）用戴维南定理求题中 R_3 支路的电流；

（2）用叠加定理求题中各支路的电流。

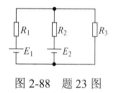

图 2-88 题 23 图

24．如图 2-89 所示电路，试用戴维南定理求 R 从 4Ω 变为 0Ω 时，电流 I 如何变化？

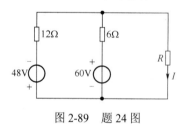

图 2-89 题 24 图

25．如图 2-90 所示电路，已知 R_1=10Ω，R_2=2.5Ω，R_3=5Ω，R_4=20Ω，R_5=2Ω，E=12V。试用戴维南定理求 R_5 上的电流 I。

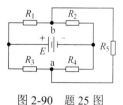

图 2-90 题 25 图

26. 用戴维南定理求图 2-91 所示电路中的电流 I。

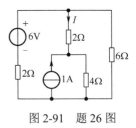

图 2-91　题 26 图

27. 如图 2-92 所示电路，已知 $E_1=4V$，$E_2=8V$，$R_1=R_2=2\Omega$，$R_L=3\Omega$，如果 R_L 可调，试问当 R_L 为何值时，可获得最大功率，最大功率为多少？

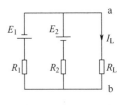

图 2-92　题 27 图

28. 如图 2-93 所示电路，已知 $E_1=20V$，$E_2=8V$，$R_1=R_2=2\Omega$，$R_3=1\Omega$，$R_4=R_5=10\Omega$，求通过 R_3 的电流。（10 分）

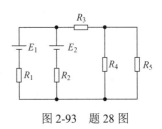

图 2-93　题 28 图

29. 如图 2-94 所示电路，用戴维南定理求流过 5Ω 电阻支路的电流。

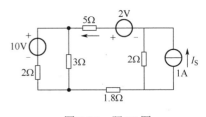

图 2-94　题 29 图

30．运用戴维南定理求图 2-95 所示电路中流过 5Ω 电阻的电流 I_{ab}。

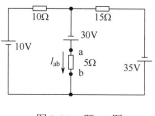

图 2-95　题 30 图

31．如图 2-96 所示电路，已知 U_{S1}=9V，R_1=3Ω，U_{S2}=10V，R_2=50Ω，I_S=2A，R_3=5Ω，R_4=6Ω。试求：（1）R 等于多少时可以获得最大功率？（2）R 获最大功率时通过 R 的电流。

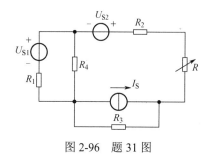

图 2-96　题 31 图

32．如图 2-97 所示电路：（1）R_L 为何值时可获得最大功率？（2）此最大功率为多少？

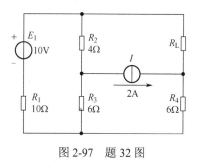

图 2-97　题 32 图

33．如图 2-98 所示电路，已知 I_{ab}=1A，用戴维南定理求恒压源 U_S。

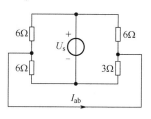

图 2-98　题 33 图

34. 用戴维南定理求图 2-99 所示电路中电阻 R_L 上的电流 I_L。

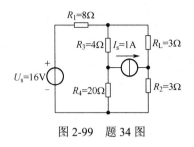

图 2-99　题 34 图

35. 如图 2-100 所示电路，用戴维南定理求电流 I。

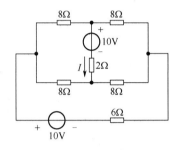

图 2-100　题 35 图

36. 在图 2-101 所示电路中，已知 $R_1=6\Omega$，$R_2=3\Omega$，$R_3=3\Omega$，$R_L=5\Omega$，$I_S=2A$，若要使 $I_L=3A$，则用戴维南定理计算 U_S 应为多少？

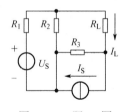

图 2-101　题 36 图

37. 用戴维南定理求图 2-102 所示电路中电阻 R_1 通过的电流 I_1 和它两端的电压 U_{AB}。已知 $E_1=30V$，$E_2=18V$，$R_1=5\Omega$，$R_2=R_3=4\Omega$，$R_4=R_5=R_6=6\Omega$。

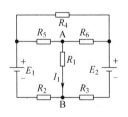

图 2-102　题 37 图

38. 用戴维南定理求图 2-103 所示电路中的电流 I。

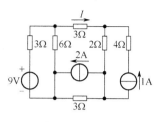

图 2-103　题 38 图

39. 如图 2-104 所示电路，已知 $E_1=60V$，$E_2=10V$，$R_1=10\Omega$，$R_2=20\Omega$，要使 R_3 获得最大输出功率，求 R_3 上的电流 I_3、电压 U_3 和功率 P_3。

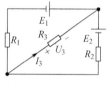

图 2-104　题 39 图

40. 试用戴维南定理求图 2-105 所示电路中的电流 I。

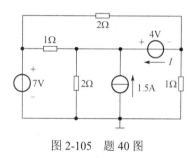

图 2-105　题 40 图

41. 试用戴维南定理求图 2-106 所示电路中流过 10V 电压源的电流。

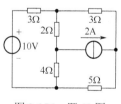

图 2-106　题 41 图

42．求图 2-107 所示电路中 R_L 能获得的最大功率为多少？

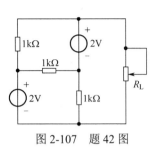

图 2-107　题 42 图

43．如图 2-108 所示电路，已知 $U_{S1}=U_{S2}=20V$，$R_1=3\Omega$，$R_2=6\Omega$，$R_3=9\Omega$，$R_4=9\Omega$，$R_5=7\Omega$，$R_6=1\Omega$，$R_7=1\Omega$，$R_8=3\Omega$，求 R_8 中的电流。（10 分）

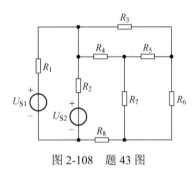

图 2-108　题 43 图

44．试用等效变换及戴维南定理求图 2-109 所示电路中的电流 I。

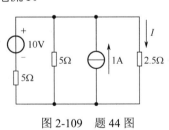

图 2-109　题 44 图

45．求图 2-110 所示电路中流过 6Ω 电阻支路的电流，并确定电源 U_S 是输出还是吸收功率？该功率为多少？（15 分）

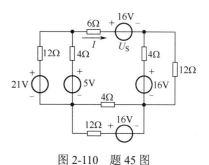

图 2-110　题 45 图

46．用戴维南定理求图 2-111 所示电路中的电流。（10 分）

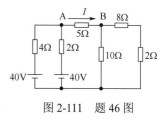

图 2-111　题 46 图

47．如图 2-112 所示电路，当 $R=4Ω$ 时，$I=2A$。求当 $R=9Ω$ 时，I 等于多少？

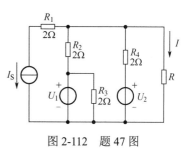

图 2-112　题 47 图

五、综合题

请将电流表改装为伏特表。

实验目的：学会根据串联电路的分压原理将电流表改装成伏特表。

实验器材：电流表 1 个（5mA）；标准伏特表 1 个；干电池 1 组；电阻箱 1 个；开关 1 个；导线若干。

实验步骤：

（1）测量电流表的内阻 R_g；请画出电路图，描述怎样测试？

（2）在知道电流表内阻的情况下，将电流表改成量程为 10V 的伏特表，请计算出分压电阻 R？（推导出公式）

（3）将标准伏特表和改装的伏特表接入同一电路使用，经测试发现改装伏特表误差较大，试分析原因。

复杂直流电路单元测试（C）卷

时量：90 分钟　　总分：100 分　　难度等级：【高】

一、填空题（每空 2 分，共计 30 分）

1. 将两电阻 R_1、R_2 串联接在 15V 的电路上，R_1 消耗的功率为 5W，若将 R_1、R_2 并联接在另一个电路上，R_1 消耗功率 10W，R_2 消耗功率为 5W，则可知 R_1=_____，R_2=_____。

2. 如图 2C-1 所示直流电路中的电流 I_1=_____A。

3. 如图 2C-2 所示电路，要使检流计的读数为零，则 R_2 的阻值等于_____Ω。

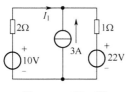

图 2C-1　题 2 图

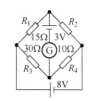

图 2C-2　题 3 图

4. 如图 2C-3 所示电路，P 为无源网络，独立电流源电流为 I_s，电流源电压为 U，当 P 中元件或它们的连接方式发生变动时，电流源电流 I_s=_____，电流源电压 U=_____。

5. 如图 2C-4 所示电路，开关 S 打开时 R_{AB}=_____Ω，开关 S 闭合时 R_{AB}=_____Ω。

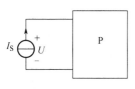

图 2C-3　题 4 图

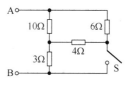

图 2C-4　题 5 图

6. 如图 2C-5 所示电路，已知 R_1=2Ω，R_2=3Ω，R_3=4Ω，R_4=5Ω，则 U_1 : U_2=_____。

7. 如图 2C-6 所示电路中的 A 点电位 U_A=_____V。

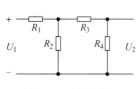

图 2C-5　题 6 图

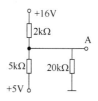

图 2C-6　题 7 图

8. 如图 2C-7 所示电路，$R_L=2\Omega$，图 2C-7（a）所示电路中，R_L 消耗的功率为 2W，图 2C-7（b）所示电路中，R_L 消耗的功率为 8W，则图 2C-7（c）所示电路中，R_L 消耗的功率为_____。

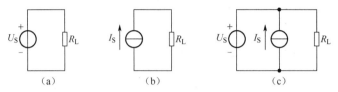

图 2C-7 题 8 图

9. 如图 2C-8 所示 3 个电路中正确的是_____，且等效电压源参数 U_S=_____V，R_o=_____Ω。

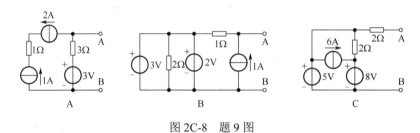

图 2C-8 题 9 图

10. 将图 2C-9（a）所示电路改为图 2C-9（b）所示电路，电流 I_1 和 I_2 将_____。

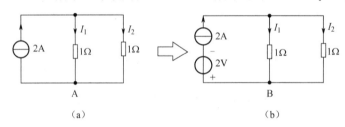

（a）   （b）

图 2C-9 题 10 图

二、判断题（每小题 2 分，共计 20 分）

题号	1	2	3	4	5	6	7	8	9	10
答案										

1. 电池的混联既可以提高电池组的电动势又可以扩大输出电流。

2. 用基尔霍夫定律求解支路电流时，解出的电流为负值，说明实际电流与假定电流方向相反。

3. 电路中，若 a、b 两点间电位相等，则两点间电流一定为 0。

4. 电压源与电流源等效变换是指电源内部等效。

5. 如误把电流表与负载并联，则电流表显示的数值并非负载的电流值，且电流表可能会被烧坏。

6. 电动势为 6V，内阻为 1Ω 的电源与 5Ω 的负载电阻接成闭合回路，负载电阻上的电压降是 5V。

7. 利用戴维南定理解题时，有源二端网络必须是线性的，待求支路可以是非线性的。

8. 某线性电路中有两个独立电源，它们分别对电路中某一支路作用后的电流为 5A 和 3A，则该支路电流一定是 8A。

9. 任何一个二端网络总可以用一个等效的电源来代替。

10. 基尔霍夫第一定律说明电荷在节点不可能产生、消灭或积累。

三、单项选择题（每小题 2 分，共计 20 分）

1. 如图 2C-10 所示电路，当开关 S_1 断开，S_2 闭合时，电压表和电流表的读数分别为（   ）。

  A．3V，1A   B．1V，3A

  C．1V，1A   D．0V，3A

2. 如图 2C-11 所示电路，当电流源产生的功率为 20W 时，R_W 为（   ）。

  A．0   B．2.5Ω

  C．7.5Ω   D．5Ω

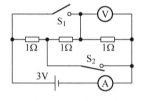

图 2C-10　题 1 图

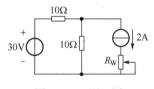

图 2C-11　题 2 图

3. 如图 2C-12 所示电路，则电压源功率为（   ）。

  A．产生 132W 功率   B．吸收 132W 功率

  C．产生 108W 功率   D．吸收 108W 功率

4. 如图 2C-13 所示电路，R 能获得的最大功率为（   ）。

  A．60W   B．90W

  C．30W   D．120W

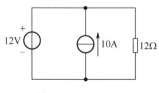

图 2C-12　题 3 图

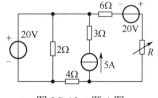

图 2C-13　题 4 图

5. 如图 2C-14 所示电路，a、b 之间的等效电阻为（   ）。

  A．2Ω   B．4Ω

  C．6Ω   D．8Ω

6. 如图 2C-15 所示直流电路，U_{ab} 等于（　　）。

　　A．−2V

　　B．−1V

　　C．1V

　　D．2V

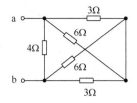

图 2C-14　题 5 图

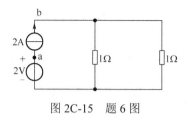

图 2C-15　题 6 图

7. 如图 2C-16 所示电路，R_L 获得最大功率时，R_L 为（　　）。

　　A．7Ω

　　B．12Ω

　　C．4Ω

　　D．3Ω

8. 如图 2C-17 所示电路，已知 I=5A，若 I_S 改为 27A，则 I 为（　　）。

　　A．26A

　　B．5A

　　C．7.5A

　　D．0.75A

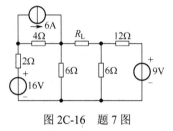

图 2C-16　题 7 图

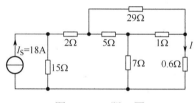

图 2C-17　题 8 图

9. 如图 2C-18 所示电路，要使 21Ω 电阻的电流 I 增大到 3I，则 21Ω 电阻的阻值应换为（　　）。

　　A．5Ω

　　B．4Ω

　　C．3Ω

　　D．1Ω

10. 如图 2C-19 所示电路，欲使 V 表示数为 0，则 R_x 应为（　　）。

　　A．2Ω

　　B．1Ω

　　C．0.5Ω

　　D．0.1Ω

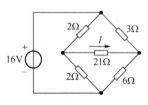

图 2C-18　题 9 图

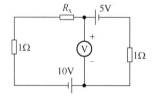

图 2C-19　题 10 图

四、计算题（20分）

1. 如图 2C-20 所示电路，试求：（10分）

（1）电流 I；

（2）20V 恒压源的功率 P_E，判断它是电源还是负载。

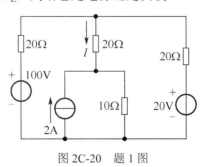

图 2C-20　题 1 图

2. 如图 2C-21 所示电路，用电源等效变换法求电流 I_3。（10分）

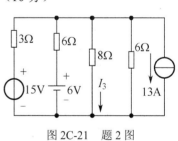

图 2C-21　题 2 图

五、综合题（10分）

如图 2C-22（a）所示双电源分压电路，已知电源电压分别为+12V 和−12V，4kΩ 的电位器及两个阻值相等的电阻 R_X。

（1）若要求输出电压 U_o 的变化范围为−4V 到+4V，求 R_X 的值。

（2）若在输出端接 $R_L=4kΩ$ 的负载电阻，如图 2C-22（b）所示，求该电路输出电压 U_o 的实际变化范围。

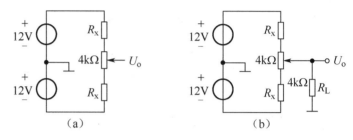

图 2C-22　综合题图

复杂直流电路单元测试（D）卷

时量：90分钟　　总分：100分　　难度等级：【中】

一、填空题（每空2分，共计30分）

1. 根据图2D-1所示电路，求出未知量的数值。

在图2D-1（a）所示电路中：I_1=＿＿＿＿＿＿＿，I=＿＿＿＿＿＿＿。

在图2D-1（b）所示电路中：I=＿＿＿＿＿＿＿，U_R=＿＿＿＿＿＿。

2. 由图2D-2所示电路图可知，本电路中有＿＿＿＿个节点，＿＿＿＿条支路，＿＿＿＿个独立回路，按KCL可列出＿＿＿＿＿个独立的电压方程。

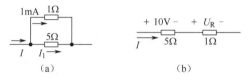

图2D-1　题1图　　　　　　　　　　　　　图2D-2　题2图

3. 在图2D-3所示电路中，电流表读数为＿＿＿＿＿＿，若将5Ω电阻并联到电路上时，电流表读数将变为＿＿＿＿＿＿A。

4. 在图2D-4所示电路中，R=100Ω，电流表的读数为5A，则电压表读数应为＿＿＿＿＿＿＿V。

图2D-3　题3图　　　　　　　　　　　　图2D-4　题4图

5. 在图2D-5所示电路中，I=＿＿＿＿＿＿A。

6. 如图2D-6所示电路，已知E_1单独作用时流过R_1、R_2、R_3的电流分别是4A、2A、2A，E_2单独作用时流过R_1、R_2、R_3的电流分别是3A、5A、2A，则各支路电流I_1=＿＿＿＿＿＿，I_2=＿＿＿＿＿＿，I_3=＿＿＿＿＿＿。

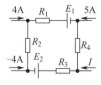

图2D-5　题5图　　　　　　　　　　　　图2D-6　题6图

二、判断题（每小题 1 分，共计 10 分）

题号	1	2	3	4	5	6	7	8	9	10
答案										

1. 扩大电流表量程可以用串联电阻的方法，扩大电压表量程可以用并联电阻的方法。

2. 在电阻分流电路中，电阻值越大，流过它的电流也就越大。

3. 叠加定理只适用于直流电路，不适用于交流电路。

4. 流入一个封闭面的电流之和必等于流出该封闭面的电流之和。

5. 每条支路上的元件只能是一个电阻或者是一个电阻和一个电源的串联。

6. 用戴维南定理计算复杂直流电路中某一支路电流时，其中有一个步骤需将待求支路以外的部分当成一个有源二端网络。

7. 叠加原理只适用于求线性电路的电压、电流和功率。

8. KCL 仅适用于电路中的节点，且与元件性质有关。

9. 一个实际的电源，对其外电路而言，既可以看作是一个实际电压源，以输出电压的形式向外供电，又可以看作是一个实际电流源以输出电流的形式向外供电。

10. 电压源和电流源之间的等效变换仅针对外电路而言，对电源内部而言是不等效的。

三、单项选择题（每小题 2 分，共计 20 分）

1. 如图 2D-7 所示电路，要使 R_L 获最大功率，需调至 $R_L=3\Omega$，由此可知电路中的 R 值为（　　）。

　　A．1Ω 　　　　　　　　　　　　B．2Ω

　　C．3Ω 　　　　　　　　　　　　D．4Ω

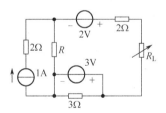

图 2D-7　题 1 图

2. 如图 2D-8 所示为某一复杂电路的一部分，按 KVL 列出该回路的电压方程为（　　）。

　　A．$R_1I_1-R_2I_2+R_3I_3-R_4I_4=-E_1+E_3+E_5$

　　B．$R_1I_1-R_2I_2+R_3I_3-R_4I_4=E_1-E_3-E_5$

　　C．$-R_1I_1+R_2I_2-R_3I_3+R_4I_4=-E_1+E_3+E_5$

　　D．$(R_1+R_2+R_3+R_4)I_a=-E_1+E_3+E_5$

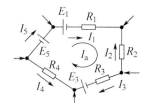

图 2D-8　题 2 图

3. 欲使图 2D-9 所示电路中的 $\dfrac{I_1}{I} = \dfrac{1}{4}$，则 R_1 和 R_2 的关系为（　　）。

　　A．$R_1 = \dfrac{1}{4}R$　　　　　　　　　　B．$R_2 = \dfrac{1}{4}R_1$

　　C．$R_1 = \dfrac{1}{3}R_2$　　　　　　　　　　D．$R_2 = \dfrac{1}{3}R_1$

图 2D-9　题 3 图

4. 如图 2D-10 所示电路，E_1 单独作用时流过 R_3 的电流为 3A，E_2 单独作用时流过 R_3 的电流为 2A，则流过 R_3 的电流为（　　）。

　　A．1A　　　　　B．3A　　　　　C．2A　　　　　D．5A

图 2D-10　题 4 图

5. 如图 2D-11 所示电路的戴维南等效电路为（　　）。

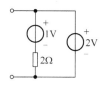

图 2D-11　题 5 图

6. 两个理想电流源并联可等效为一个理想电流源，其等效的电流源电流为（　　）。

　　A．两个电流源电流中较大的一个　　　B．两个电流源电流的代数和

　　C．两个电流源电流的平均值　　　　　D．两个电流源电流中较小的一个

7. 如图 2D-12 所示电路，开关 S 由打开变成闭合，电路内发生变化的是（　　）。

　　A．电压 U　　　　　　　　　　　　　B．电流 I

　　C．电压源功率　　　　　　　　　　　D．电流源功率

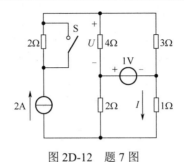

图 2D-12　题 7 图

8. 如图 2D-13 所示电路，已知 $I=2A$，则所有输出功率的元件（　　）。

A．仅有恒压源　　　　　　　　　　B．仅有恒流源

C．有恒压源和恒流源　　　　　　　D．不能确定

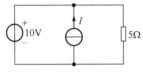

图 2D-13　题 8 图

9. 如图 2D-14 所示电路，等效为电流源时，I_S、R_S 为（　　）。

A．4A，2Ω　　　　　　　　　　　B．1A，4Ω

C．2A，4Ω　　　　　　　　　　　D．2A，2Ω

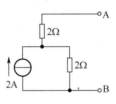

图 2D-14　题 9 图

10. 如图 2D-15 所示电路，当电位器滑动触点从左向右移动时，输出电压 U_2 的变化范围是（　　）。

A．0～–6V　　　　　　　　　　　B．12～6V

C．6～12V　　　　　　　　　　　D．6～0V

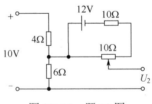

图 2D-15　题 10 图

四、计算题（20分）

1. 如图 2D-16 所示电路，试求电路中 A、B、C 各点电位及电阻 R。（10 分）

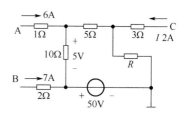

图 2D-16　题 1 图

2. 如图 2D-17 所示电路，运用叠加定理求电位 V_a、电位 V_b、电流 I_1 和 I_2 的数值。（10 分）

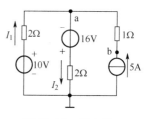

图 2D-17　题 2 图

五、综合题（20分）

如图 2D-18 所示电路，已知 $U=2\text{V}$，$I=6\text{A}$，$R_1=R_3=4\Omega$，$R_2=8\Omega$。求：

（1）开路电压 U_{ab}；（6分）

（2）等效电阻 R_{ab}；（6分）

（3）在 a、b 两个端子之间接入电阻 R，当 R 为何值时可获得最大功率，并求此最大功率。（8分）

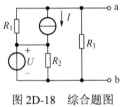

图 2D-18　综合题图

复杂直流电路单元测试（E）卷

时量：90 分钟　　总分：100 分　　难度等级：【中】

一、填空题（每空 2 分，共计 30 分）

1. 如图 2E-1 所示电路，等效电阻 R_{AB}=＿＿＿＿＿Ω。

2. 一电流表内阻为 400Ω，满偏电流为 1mA，要把它改装成量程为 6V 的伏特表，应＿＿＿＿＿Ω 的电阻；要把它改装成量程为 5mA 的安培表，应＿＿＿＿＿Ω 的分流电阻。

3. 二端网络中有＿＿＿＿＿＿时，称为有源二端网络；二端网络中没有＿＿＿＿＿＿时，称为无源二端网络。

4. 如图 2E-2 所示直流电路，a、b 两点间的电压 U_{ab} 为＿＿＿＿＿V。

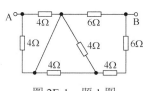

图 2E-1　题 1 图

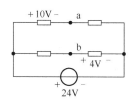

图 2E-2　题 4 图

5. 一只"40V/200W"的白炽灯，若要接入 220V 的直流电路中，应＿＿＿＿＿联阻值 R=＿＿＿＿＿Ω 的电阻。

6. 理想电源的连接如图 2E-3 所示，电路中产生的全部功率为＿＿＿＿＿W。

7. 如图 2E-4 所示电路，开关 S 打开时，电路 A 点的电位 V_A=＿＿＿＿＿V。

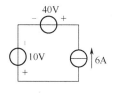

图 2E-3　题 6 图

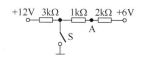

图 2E-4　题 7 图

8. 如图 2E-5 所示电路，当 R_L=9Ω 时能获得的最大功率，其功率值 P_{max}=＿＿＿W。

9. 如图 2E-6 所示电路，则 E=＿＿＿＿＿，I_1=＿＿＿＿＿，I_2=＿＿＿＿＿。

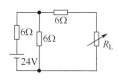

图 2E-5　题 8 图

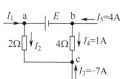

图 2E-6　题 9 图

10. 如图 2E-7 所示电路，已知 E_1=12V，E_2=E_3=6V，内阻不计，R_1=R_2=R_3=3Ω，则 U_{ab}=_____。

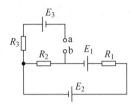

图 2E-7 题 10 图

二、判断题（每小题 1 分，共计 10 分）

题号	1	2	3	4	5	6	7	8	9	10
答案										

1. 电路中任一回路都可以称为网孔。

2. 线性电路中的电流、电压和功率计算均可应用叠加定理。

3. 在计算有源网络的等效电阻时，网络内电源的内阻可以不考虑。

4. 理想电压源和理想电流源之间可以进行等效变换。

5. 为扩大电流表的量程，可在表头上并接一电阻。

6. 一条马路上路灯总是同时亮，同时灭，因此这些灯都是串联接入电网的。

7. 叠加原理适用于线性电路，对非线性电路则不适用。

8. 电路模型中的元件都是理想电路元件。

9. 在电阻分压电路中，电阻值越大，其两端分到的电压也越大。

10. 在并联电阻电路中，等效电阻恒大于任一分电阻。

三、单项选择题（每小题 2 分，共计 20 分）

1. 如图 2E-8 所示电路，已知 I_S=3A，则 I_S 的功率等于（   ）。

    A. 2W   B. –3W   C. 6W   D. –6W

2. 如图 2E-9 所示直流电路，电流 I 应等于（   ）。

    A. 7A   B. 4A   C. 3A   D. 1A

3. 如图 2E-10 所示直流电路，U_{ab}=（   ）。

    A. –1V   B. 0V   C. 1V   D. 2V

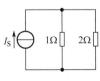 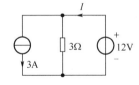 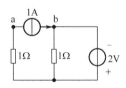

图 2E-8 题 1 图   图 2E-9 题 2 图   图 2E-10 题 3 图

4. 与图 2E-11 所示电路等效的电路是（　　　）。

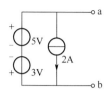

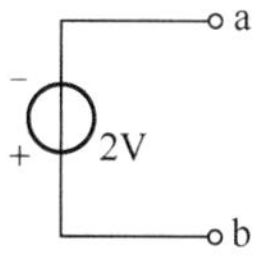

A. 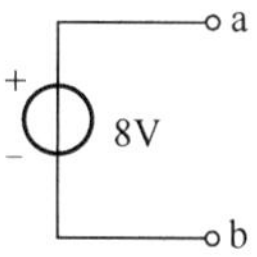　　　　　B. 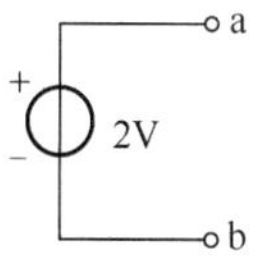　　　　　C. 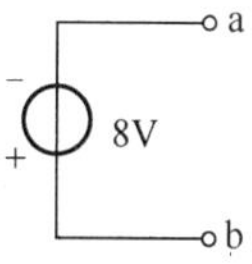　　　　　D.

图 2E-11　题 4 图

5. 一电路有 4 个节点和 6 条支路，用支路电流法求解各支路电流时，应列出独立的 KCL 方程和 KVL 方程的数目分别为（　　　）。

A．2 个和 3 个　　　　　　　　B．2 个和 4 个

C．3 个和 3 个　　　　　　　　D．4 个和 6 个

6. 如图 2E-12 所示电路，电源 E_1=6V，E_2=12V，电阻 R_1=R_2=R_3=R_4=R_5，那么电阻 R_3 两端的电压为（　　　）。

A．6V　　　　　B．4.5V　　　　　C．4V　　　　　D．2V

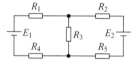

图 2E-12　题 6 图

7. 分别将两个阻值相同的电阻串联后和并联后接在相同的电池上组成回路，设每个电阻的阻值是电池内阻的 4 倍。则电阻串联时和并联时，电路中的总电流之比是（　　　）。

A．1∶2　　　　B．1∶3　　　　C．1∶4　　　　D．4∶1

8. 如图 2E-13 所示电路，电压 U 为（　　　）。

A．4V　　　　B．6V　　　　C．8V　　　　D．10V

9. 如图 2E-14 所示电路，已知 I_1=0.8mA，I_2=1.2mA，R=50kΩ，则电阻 R 两端的电压 U 等于（　　　）。

A．−20V　　　　B．20V　　　　C．50V　　　　D．−50V

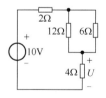　　　　　　　　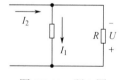

图 2E-13　题 8 图　　　　　　图 2E-14　题 9 图

10. 在已知 I_g 和 R_g 的表头上串联一只电阻 R，其量程扩大（　　　）倍。

A．$R_g/(R+R_g)$　　　　　　　B．$R/(R+R_g)$

C．$(R+R_g)/R$　　　　　　　D．$(R+R_g)/R_g$

四、计算题（25分）

1. 如图 2E-15 所示电路，已知 E_1=4V，E_2=2V，E_3=3V，R_1=4Ω，R_2=2Ω，R_3=3Ω。求：

（1）三个支路电流 I_1、I_2、I_3；（6分）

（2）若 B 点接地，则 A 点的电位 V_A。（4分）

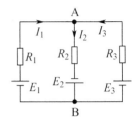

图 2E-15　题 1 图

2．如图 2E-16 所示电路，要求：

（1）用戴维南定理求 ab 支路中的电流 I（要画出戴维南等效电路）；（10分）

（2）求理想电流源两端电压 U_I。（5分）

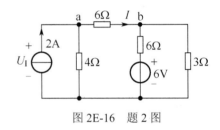

图 2E-16　题 2 图

五、综合题（15分）

如图 2E-17 所示直流电路，以 b 点为参考点时，a 点的电位为 6V，求电源 E_3 的电动势及其输出的功率。

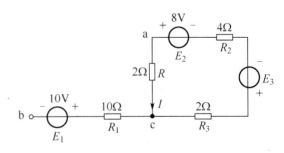

图 2E-17　综合题图

第三章 电 容 器

一、填空题

1. 任何两块导体，中间隔以_____，就构成一个电容器。

2. 真空介电常数 ε_0=_____。

3. 从能量的角度看，电容器电压上升的过程是_____电荷的过程。

4. 在电容器充电过程中，充电电流逐渐_____，而电容器两端的电压将逐渐_____。

5. 一个空气介质的平行板电容器充电完毕后与电源断开，将两极板间距离增大 1 倍，则两极板间电压_____。

6. 有一个空气介质的可变电容器，由 12 片动片和 11 片定片组成，每片面积为 $7cm^2$，相邻动片与定片的距离为 0.38mm，则此电容器的最大电容量为_____ nF。

7. 如图 3-1 所示电路，电源电动势为 E，内阻不计，C 是一个电容量很大的未充电的电容器。当开关 S 合向 a 时，电源向电容器充电，这时看到白炽灯 E_L 开始_____，然后逐渐_____；从电流表 A_1 上可观察到充电电流在_____，而从电压表 V 上看到读数在_____；经过一段时间后，电流表 A_1 的读数为_____，电压表 V 的读数为_____。当电容器结束充电后，把开关 S 从接点 a 合向接点 b，电容器开始放电，这时看到白炽灯 E_L 开始_____，然后逐渐_____；从电流表 A_2 可观察到放电电流在_____，而从电压表 V 上看到读数在_____；经过一段时间后，电流表 A_2 的读数为_____，电压表 V 的读数为_____。

8. 电容器充电完毕，在直流电路中的作用相当于_____。

9. 选用电容器时，衡量电容器的两个最重要的指标是_____和_____。

10. 在图 3-2 所示电路中串联电容器组的总电容为 $2\mu F$，C_1 两端电压为_____V，C_2 两端电压为_____V。

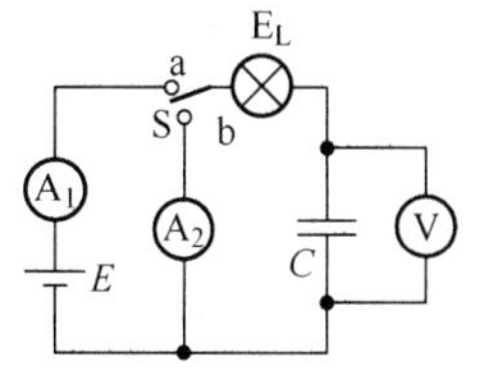

图 3-1 题 7 图

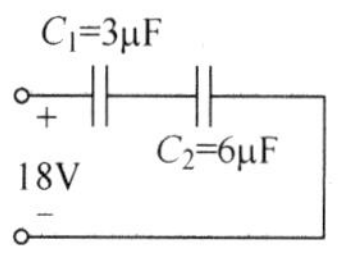

图 3-2 题 10 图

11. 两个电容器 "50V/100μF"、"100V/150μF"，则两个电容器串联时耐压值为_____V，两个电容器并联时耐压值为_____V。

12. 将 "10μF/50V" 和 "5μF/50V" 的两个电容器串联，那么电容器组的额定工作电压为_____V。

13. 两个电容器串联时，其等效总电容为 $5\mu F$，并联时等效总电容为 $20\mu F$，则两个电容分别为_____μF 和_____μF。

14．两个电容器 $C_1>C_2$，串联时的等效电容为 24pF，并联时的等效电容为 100pF，则 C_1=_____pF，C_2=_____pF。

15．两个电容量都为 C 的电容器，串联后的总容量为_____，并联后的总容量为_____。

16．C_1=0.5μF、耐压值为 100V 和 C_2=1μF、耐压值为 200V 的两个电容器串联后两端能加的最高安全电压为_____V。

17．如图 3-3 所示电路，A、B 之间的直流电压为 20V，R_1=5Ω，R_2=15Ω，C_1=2μF，C、D 两点的电位相等，则 C_2 值是_____μF。

18．如图 3-4 所示电路，E=9V，C_1=2C_2，当开关 S 置于 A 时，C_1 被充电最高可达_____ V；当开关 S 置于 B 后，C_1 两端电压应为_____V。

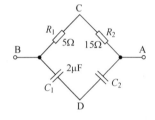 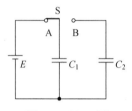

图 3-3　题 17 图　　　　　　图 3-4　题 18 图

二、判断题

题号	1	2	3	4	5	6	7	8	9	10	11	12
答案												
题号	13	14	15	16	17	18	19	20	21	22	23	
答案												

1．将几个电容器并联使用，则总电容值小于其中任一个电容值。

2．电容器 C_1 与 C_2 两端电压均相等，若 $C_1>C_2$，则 $Q_1>Q_2$。

3．由公式 $C=\dfrac{Q}{U}$ 可知，当电容器所带电荷量 Q=0 时，则电容量 C=0。

4．电容器的两极板端电压降低时，电流与电压的实际方向相同。

5．所谓电流"通过"电容器，是指带电粒子通过电容器极板间的介质。

6．在单位电压的作用下，储存电荷量越多的电容器的容量就越大。

7．充、放电电流都是在跳变到极限值后，才按指数规律减小到零。

8．如果电容器的电容量大，则它储存的电场能量也一定大。

9．电容器本身只进行能量的交换，并不消耗能量，所以说电容器是一个储能元件。

10．两个电容器，一个电容较大，另一个电容较小，如果它们所带的电荷量一样，那么电容较大的电容器两端的电压一定比电容较小的电容器两端的电压高。

11．两个电容器，一个电容较大，另一个电容较小，如果这两个电容器两端的电压相等，那么电容较大的电容器所带的电荷量一定比电容较小的电容器所带的电荷量大。

12. 电容器充、放电时的电流与电容器两极板间的电压对时间的变化率成正比，而与电容器两极板间电压的大小无关。

13. 电容器任一极板上所带的电荷量与两极板间的电压之比值是一个常数。

14. 将"10μF/50V"和"10μF/50V"的两个电容器串联，那么电容器组等效为一个"20μF/100V"的电容器。

15. 电容器并联可增大电容量，串联可减小电容量。

16. 采用串联的方法可以提高电容元件组合承受电压的能力。

17. 容量不等的电容器并联时，各电容器两端的电压也不同。

18. 电容器中储存的电荷量、电场能与其端电压一样不能突变。

19. 放电电流与电容器两端电压都是按指数规律减小到零。

20. 在串联电容器中，电容量较小的电容器所承受的电压较高。

21. 若电容器被击穿，则说明该电容器的介质失去了绝缘性能。

22. 在电容器串联电路中，容量大的电容器内所储存的电场能多。

23. 将"10μF/50V"和"5μF/50V"的两个电容器串联，总耐压值为100V。

三、单项选择题

1. 电容器两端的电压变化越快，则流过电容器的电流的绝对值（　　）。

 A．越大   B．越小

 C．不变   D．等于 0

2. 如果把一个电容器极板的面积加倍，并使其两极板之间的距离减半，则（　　）。

 A．电容增大到 4 倍   B．电容减半

 C．电容加倍   D．电容保持不变

3. 将电容器 C_1 "200V/20μF"和电容器 C_2 "160V/20μF"串联接到 350V 电压上，则（　　）。

 A．C_1、C_2 均正常工作   B．C_1 击穿，C_2 正常工作

 C．C_2 击穿，C_1 正常工作   D．C_1、C_2 均被击穿

4. C_1 与 C_2 并联在电路中，已知 $C_1=2C_2$，且 C_2 中储存的电场能为 10J，则 C_1 中储存的电场能为（　　）。

 A．40J   B．20J

 C．10J   D．5J

5. 两个电容器 C_1 与 C_2 串联，且 $C_1=2C_2$，则 C_1、C_2 两极板间的电压 U_1、U_2 间的关系是（　　）。

 A．$U_1= U_2$ B．$U_1=2 U_2$

 C．$2 U_1= U_2$ D．以上答案都不对

6. 一个电容为 CμF 的电容器和一个电容为 2μF 的电容器串联，总电容为 CμF 的电容器的 $\frac{1}{3}$，那么电容 C 是（　　）。

 A．2μF   B．4μF

C．6μF   D．8μF

7．已知 $C_1 > C_2$，耐压值 $U_1 > U_2$，串接在电路中的总耐压值 U_N 是（   ）。

A．$U_N = U_2$ B．$U_N = U_1 + U_2$

C．$U_N = \dfrac{C_1 + C_2}{C_2}U_1$ D．$U_N = \dfrac{C_1 + C_2}{C_1}U_2$

8．在某一电路中需接入一个 16μF、耐压值为 800V 的电容器，今有 16μF、耐压值为 450V 的电容器数个，为了达到上述要求，需将（   ）。

A．2 个 16μF 电容器串联后接入电路

B．2 个 16μF 电容器并联后接入电路

C．4 个 16μF 电容器先两两并联，再串联接入电路

D．不能使用 16μF 耐压值为 450V 的电容器

9．两个电容分别为 C_1 和 C_2 的电容器，其额定值分别为"100pF/500V"、"150pF/900V"，串联后外加 1 000V 的电压，则（   ）。

A．C_1 击穿，C_2 不击穿   B．C_1 先击穿，C_2 后击穿

C．C_2 先击穿，C_1 后击穿   D．C_1、C_2 均不击穿

10．如图 3-5 所示电路，已知电容器 C_1 的电容量是 C_2 的两倍，C_1 充过电，电压为 U，C_2 未充电。如果将开关 S 合上，那么电容器 C_1 两端的电压将为（   ）。

A．$\dfrac{U}{2}$ B．$\dfrac{U}{3}$

C．$\dfrac{2U}{3}$ D．U

11．在图 3-6 所示电路中，$R_1 = R_2 = 200\Omega$，$R_3 = 100\Omega$，$C = 200\mu F$，开关 S_1 接通，待电路稳定后，电容器 C 中容纳一定的电荷量，然后再将开关 S_2 也接通，则电容器 C 中的电荷量将（   ）。

A．增加   B．减少   C．不变   D．无法判断

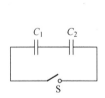

图 3-5　题 10 图

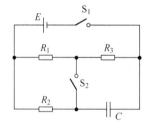

图 3-6　题 11 图

12．如图 3-7 所示电路，电容器 C 储存的电荷量等于（   ）。

A．6×10^{-6}C   B．18×10^{-6}C

C．9×10^{-6}C   D．21×10^{-6}C

13．在图 3-8 所示电路中，已知 $E = 6V$，$R_1 = R_2 = R_3 = 4\Omega$，待电路稳定后，测得 R_3 两端的电压为（   ）。

A．0V   B．6V

C．2V　　　　　　　　　　　　D．4V

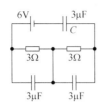

图 3-7　题 12 图

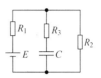

图 3-8　题 13 图

14．已知 $C_1 : C_2 = 1 : 2$，并接在电路中，其中 $W_1 : W_2$ 为（　　）。

　　A．1：2　　　　　　　　　　B．2：1

　　C．1：4　　　　　　　　　　D．4：1

15．有三个容量都是 6μF，耐压值均为 100V 的电容器，其中两个并联后再与第三个串联，则等效电容和总耐压值是（　　）。

　　A．9μF，200V　　　　　　　　B．9μF，150V

　　C．4μF，150V　　　　　　　　D．4μF，200V

16．有两个容量均为 10μF 的电容器 C_1 和 C_2，现将 C_1 充电到 100V 后再与未充电的 C_2 并联，则这两个电容器各自的电压变为（　　）。

　　A．$U_1 = U_2 = 100V$　　　　　　B．$U_1 = U_2 = 50V$

　　C．$U_1 = 100V$、$U_2 = 0V$　　　　D．$U_1 = 0V$、$U_2 = 100V$

17．电容器 C_1 和 C_2 串联后接在直流电路中，若 $C_1 = 3C_2$，则 C_1 两端的电压是 C_2 两端电压的（　　）。

　　A．3 倍　　　　　　　　　　B．9 倍

　　C．$\dfrac{1}{9}$　　　　　　　　　　D．$\dfrac{1}{3}$

18．两块平行金属板带等量异种电荷，要使两极板间的电压加倍，则采用的办法有（　　）。

　　A．两极板的电荷量加倍，而距离变为原来的 4 倍

　　B．两极板的电荷量加倍，而距离变为原来的 2 倍

　　C．两极板的电荷量减半，而距离变为原来的 4 倍

　　D．两极板的电荷量减半，而距离变为原来的 2 倍

四、计算题

1．有一个电荷量为 q 的电容器，两极板间的电压为 U，如果要使它的电荷量增加 $4×10^{-4}C$，则两极板间的电压需增加 20V，求这个电容器的电容是多少？

2. 一个空气介质的平行板电容器，给它充电至 200V。现在把它浸在某一种电介质中，则电位差降为 2.5V，求该电介质的相对介电常数。

3. 如图 3-9 所示电路，已知 C_A=30μF，C_B=20μF，分别充电到 U_A=30V，U_B=20V，电压极性如图中所示。求当开关 S 闭合后，回路中迁移的电荷量。

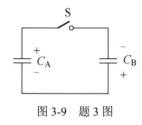

图 3-9 题 3 图

4. 如图 3-10 所示电路，已知 C_1=200μF，耐压值为 500V，C_2=300μF，耐压值为 900V，求：

（1）两个电容器串联后的总等效电容 C；

（2）若将这两个电容器串联接在 1000V 的直流电源上，电容器是否会被击穿？

图 3-10 题 4 图

5. 三个相同的电容器接成如图 3-11 所示的电容器组，设每个电容器的电容为 C，分别求出每个电容器组的总电容。

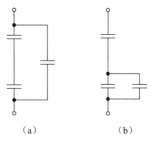

图 3-11 题 5 图

6. 将"1μF/600V"和"3μF/300V"的电容器串联后，接到 900V 的电路上，电容器会被击穿吗？为什么？

7. 如图 3-12 所示电路，已知 E=55V，r=1Ω，C_1=1μF，C_2=2μF，C_3=3μF，则 a、b、c、d 各点的电位分别为多少？

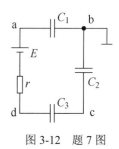

图 3-12 题 7 图

8. 已知电容器 C_1=0.5μF（耐压值为 300V），C_2=1μF（耐压值为 250V），求：
（1）两个电容器并联后的耐压值为多少？总电容量是多少？
（2）两个电容器串联后的耐压值为多少？总电容量是多少？

9. 电容器 A 和 B 的电容量分别是 $C_A=2\mu F$，$C_B=3\mu F$，分别充电到 $U_A=20V$，$U_B=30V$，然后用导线把它们连接起来，求：

（1）同极性相连迁移的电荷量，U_A 和 U_B，Q_A 和 Q_B；

（2）异极性相连迁移的电荷量，U_A 和 U_B，Q_A 和 Q_B。

五、综合题

当用万用表 $R\times 1k\Omega$ 量程挡检测较大容量的电容器时，出现下列现象，试判断故障原因。

（1）测量时表针根本不动；

（2）测量时表针始终为零，不回摆；

（3）表针有回摆，但最终摆不到起始位置，即"∞"位置。

电容器单元测试（C）卷

时量：90 分钟　　总分：100 分　　难度等级：【中】

一、填空题（每空 1 分，共计 20 分）

1. 平行板电容器充电结束时极板间电压为 6V，与电源断开后，将极板面积增大一倍，两极板间距离缩短一半，则极板间电压为_____V。

2. 如果把电容器连接到电路中，电容器的额定工作电压不能低于交流电压的_____，否则电容器会被击穿。

3. 一个电容为 50μF 的电容器，接到电压为 100V 的直流电源上，充电结束后电容器中储存的电场能为_____。

4. "10V/50μF" 和 "20V/50μF" 的两个电容器能安全工作，并联后的耐压值为_____，串联后的耐压值为_____。

5. 有一个电容为 50μF 的电容器，通过电阻 R 放电。放电过程中，电阻吸收的能量为 5J，放电时的最大电流为 0.5A，电容器未放电前所储存的电场能量为_____J，刚放电时电容器两端的电压为_____V，电阻 R 的值为_____Ω。

6. 两个电容器：C_1 为 "2μF/250V"，C_2 为 "10μF/160V"，串联后等效电容为_____μF，加上 300V 直流电压_____安全工作，此时 C_1 储存能量为_____J。

7. 线性电容 C 的大小决定于电容器的_____、_____，而与电荷量的多少、电压的高低是无关的。

8. 有两个电容器，$C_1=4μF$，$C_2=6μF$，将它们并联后，接到直流电源上，电容器组所带总电荷量 $Q=1.2×10^{-4}C$，则 C_1 所带电荷量为_____C。

9. 现有三个电容器，其额定值分别为 "2μF/160V"、"8μF/100V"、"10μF/250V"。则它们串联后的耐压值为_____；并联后能存储的最大电荷量为_____。

10. 两个电容器 $C_1=2μF$，$C_2=8μF$，串联在 $U=200V$ 的电源上。则总电容为_____μF，两个电容各自的分压为 $U_1=$_____V，$U_2=$_____V。

11. 在电容器充电电路中，已知 $C=1μF$，电容器上的电压从 2V 升高到 12V，电容器储存的电场能增大了_____J。【省对口招生考试试题】

二、判断题（每小题 1 分，共计 10 分）

题号	1	2	3	4	5	6	7	8	9	10
答案										

1. 在电路中，电容器具有隔断直流，通过交流的作用。

2．凡是被绝缘物分开的两个导体的总体，都可以看成是一个电容器。

3．电容器 $C_1=3\mu F$，$C_2=2\mu F$ 串联后的等效电容为 $5\mu F$。

4．电容器充电完毕后与电源断开，将它的极板间的距离增大一倍，其极板间的电压不变。

5．将两个容量相等的电容器串联，可提高串联电容器组的耐压值。

6．平行板电容器的电容量与外加电压和电荷量无关。

7．一个平行板电容器，两极板间为空气，极板的面积为 $50cm^2$，两极板间距离为 $1mm$，则电容器的电容为 $0.04\mu F$。

8．用万用表 $R\times 1k\Omega$ 量程挡检测较大容量电容器，若测量时表针始终为零欧姆，不回摆，说明电容器已断路。

9．线性电容器的电容量与外加电压有关。

10．当电容器带上一定电荷量后，移去直流电源，若把电流表接到电容器两端，则指针会发生偏转。

三、单项选择题（每小题 2 分，共计 40 分）

1．有两个串联的电容器 C_1 和 C_2，充电后储存的电场能量分别为 W_1、W_2，若电容 $C_1>C_2$，则 W_1 和 W_2 的关系为（　　　）。

A．$W_1>W_2$　　　　　　　　　　　　B．$W_1=W_2$

C．$W_1<W_2$　　　　　　　　　　　　D．$W_1+W_2=0$

2．下列电容器能在市电照明电路中安全工作的是（　　　）。

A．220V，$10\mu F$　　　　　　　　　　B．250V，$10\mu F$

C．300V，$10\mu F$　　　　　　　　　　D．400V，$10\mu F$

3．如图 3C-1 所示电路，每个电容器的电容均为 $100\mu F$，A、B 两端的等效电容为（　　　）。

A．$25\mu F$　　　　　　　　　　　　　B．$75\mu F$

C．$100\mu F$　　　　　　　　　　　　D．$400\mu F$

4．如图 3C-2 所示电路，已知 $C_1=2C_2$，C_1 充过电，电压为 U_1，C_2 未充电，如果将开关 S 合上，则电容器 C_2 两端的电压为（　　　）。

A．$\dfrac{U_1}{2}$　　　　　　　　　　　B．$\dfrac{U_1}{3}$

C．$\dfrac{2U_1}{3}$　　　　　　　　　　D．U_1

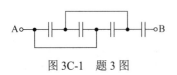

图 3C-1　题 3 图

图 3C-2　题 4 图

5．如图 3C-3 所示电路，每个电容器的电容都是 $3\mu F$，耐压值都是 100V，那么整个电容器组的等效电容和耐压值分别为（　　　）。

A．4.5μF，200V　　　　　　　　B．4.5μF，150V

C．2μF，150V　　　　　　　　　D．3μF，150V

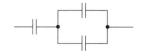

图3C-3　题5图

6．电容器 C_1、C_2 串联在某一电路中，其端电压分别为 U_1、U_2，若 $U_1=2U_2$，则（　　）。

　　A．$C_1=2C_2$　　　　　　　　　B．$C_2=2C_1$

　　C．$Q_1=2Q_2$　　　　　　　　　D．$Q_2=2Q_1$

7．一个标有"250V/0.1μF"的电容器接到电压为220V的市电中，该电容器将（　　）。

　　A．正常工作　　　　　　　　　B．电压太低不能正常工作

　　C．被击穿　　　　　　　　　　D．不能确定

8．两个相同的电容器串联和并联时的总电容之比为（　　）。

　　A．1∶2　　　　　　　　　　　B．2∶1

　　C．1∶4　　　　　　　　　　　D．4∶1

9．如图3C-4所示电路，两平行板电容器 C_1 和 C_2 串联接入电源，若将电容器 C_2 的两极板间距离增大，那么（　　）。

　　A．Q_2 减小，U_2 减小　　　　　B．Q_2 减小，U_2 增大

　　C．Q_2 增大，U_2 增大　　　　　D．Q_2 增大，U_2 减小

10．如图3C-5所示电路，电源电动势 $E=12$V，内阻 $r=1\Omega$，电阻 $R_1=3\Omega$，$R_2=2\Omega$，$R_3=5\Omega$，电容 $C_1=4$μF，$C_2=1$μF，则 C_1、C_2 所带电量之比为（　　）。

　　A．3∶2　　　　　　　　　　　B．5∶3

　　C．5∶4　　　　　　　　　　　D．8∶5

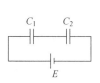

图3C-4　题9图

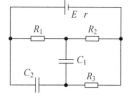

图3C-5　题10图

11．一个电容器的耐压值为250V，把它接入正弦交流电路中使用时，加在电容器上的交流电压有效值可以是（　　）。

　　A．250V　　　　　　　　　　　B．200V

　　C．180V　　　　　　　　　　　D．150V

12．三个电容值都为100μF的电容器组成如图3C-6所示电路，则a、b之间的等效电容的容量为（　　）。

　　A．66.7μF　　　　　　　　　　B．150μF

　　C．33.3μF　　　　　　　　　　D．300μF

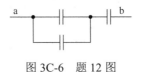

图 3C-6　题 12 图

13. 未充电的电容器与直流电压接通的瞬间（　　　）。

　　A．电容量为零　　　　　　　　　　B．电容器相当于开路

　　C．电容器相当于短路　　　　　　　D．电容器两端电压为直流电压

14. 如图 3C-7 所示电路，已知 R_1=20Ω，R_2=30Ω，C_1=1μF，若 a、b 两点电位相等，则 C_2 等于（　　　）。

　　A．3/2μF　　　　　　　　　　　　B．2/3μF

　　C．1μF　　　　　　　　　　　　　D．3μF

15. 在图 3C-8 所示电路中有极性的电容是（　　　）。【省对口招生考试试题】

　　A．（a）　　　　　　　　　　　　B．（b）

　　C．（c）　　　　　　　　　　　　D．（a）和（b）

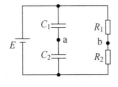

图 3C-7　题 14 图

（a）　　　　　　（b）　　　（c）

图 3C-8　题 15 图

16. 现有两个电容器，其中一个电容为 0.25μF，耐压值为 250V，另一个电容为 0.5μF，耐压值为 300V，则它们串联后的电容值和耐压值分别为（　　　）。

　　A．0.75μF，300V　　　　　　　　B．0.75 μF，550V

　　C．0.17 μF，375V　　　　　　　　D．0.17 μF，550V

17. 电容器的电流 $i = C\dfrac{\Delta U_C}{\Delta t}$，当 U_C 增大时，电容器为（　　　）。

　　A．充电过程并吸取电能转换为电场能

　　B．充电过程并吸取电场能转换为电能

　　C．放电过程并由电场能释放为电能

　　D．放电过程并由电能释放为电场能

18. 一个电容器，当它接在 220V 直流电源上时，每个极板所带电荷量为 q，若把它接到 110V 的直流电源上，每个极板所带电荷量为（　　　）。【省对口招生考试试题】

　　A．q　　　　　　　　　　　　　　B．$2q$

　　C．$\dfrac{q}{2}$　　　　　　　　　　　　　D．$\dfrac{q}{4}$

19. 瓷片电容器上标示 102，则电容器的容量为（　　　）。【省对口招生考试试题】

　　A．102pF　　　　　　　　　　　　B．100pF

　　C．10pF　　　　　　　　　　　　　D．1000pF

20. 某电容 C 与一个 10μF 的电容并联，并联后的电容是 C 的 2 倍，则电容 C 应是（　　）。

    A．1μF   B．10μF

    C．20μF   D．40μF

四、计算题（20分）

1. 现有两个电容器 C_1=450μF、耐压值为 20V，C_2=150μF、耐压值为 30V，求：

（1）将它们并联使用时的等效电容和耐压值；（5分）

（2）将它们串联使用时的等效电容和耐压值。（5分）

2. 如图 3C-9 所示电路，已知电源电动势 E=4V，内阻不计，外电路电阻 R_1=3Ω，R_2=1Ω，电容 C_1=2μF，C_2=1μF。求：

（1）R_1 两端的电压；（4分）

（2）电容 C_1、C_2 所带的电荷量；（3分）

（3）电容 C_1、C_2 两端的电压。（3分）

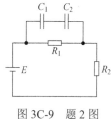

图 3C-9　题 2 图

五、综合题（10分）

　　某人做实验时，第一次需要耐压值为50V、电容为10μF的电容器，第二次需要耐压值为10V、电容为200μF的电容器，第三次需要耐压值为20V、电容为50μF的电容器。如果当时他手中只有耐压值为10V、电容为50μF的电容器若干个，那么他怎样做就能满足实验要求。（10分）

第四章 磁 与 电 磁

一、填空题

1. 地球既是一个巨大的_____又是一个良好的_____。

2. 磁体外部，磁力线的方向是由_____极指向_____极。

3. 如果在磁场中任意一点的磁感应强度大小_____，方向_____，这种磁场称为匀强磁场。在匀强磁场中，磁感应线是一组_____。

4. 描述磁场的四个主要物理量是_____、_____、_____和_____；它们的符号分别是_____、_____、_____和_____；它们的国际单位分别是_____、_____、_____和_____。

5. 磁力线通过的闭合路径称为_____。

6. 使剩磁为零的反向磁场强度称为_____。

7. 有一个空心环形螺旋线圈的平均周长为 31.4cm，截面积为 $25cm^2$，线圈共绕有 1000 匝，若在线圈中通入 2A 的电流，那么，该磁路中的磁阻为_____，通过的磁通为_____。

8. 在 0.04s 内，通过一个线圈的电流由 0.6A 减小到 0.4A，线圈产生 5V 的自感电动势，则线圈的自感系数 L 是_____H。

9. 当通过线圈中的磁通发生变化时，感应电动势的方向总是企图使它的感应电流所产生的磁通_____原来磁通的变化。

10. 在 0.01s 内，$L=0.5H$ 的线圈中通过的电流由 5A 降到 0，则该线圈产生的自感电动势的绝对值为_____V。

11. 如图 4-1 所示电路，如果线圈的电阻不计，分析下述四种情况下，A、B 两点电位的高低。①开关 S 未接通时，_____；②开关 S 闭合的瞬间，_____；③开关 S 闭合一段时间后，_____；④开关 S 断开的瞬间，_____。

12. 在图 4-2 所示电路中，同名端为_____或_____；异名端为_____、_____、_____、_____。

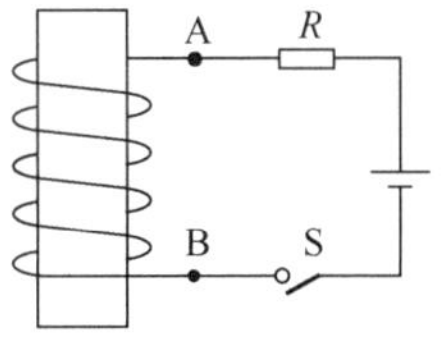

图 4-1 题 11 图

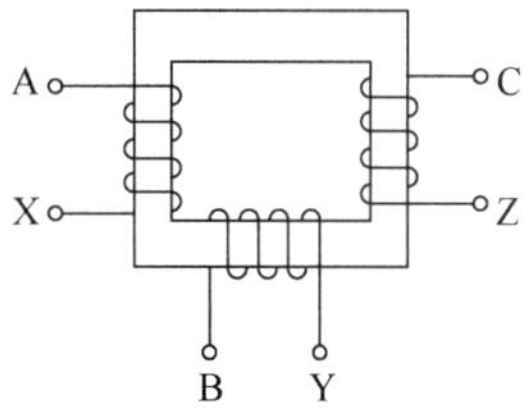

图 4-2 题 12 图

13. 一个线圈铁心的截面积为 $2.5cm^2$，线圈的匝数为 2000 匝，当线圈中电流由零增至 2A 时，线圈从外电路共吸收能量 0.4J，那么，该线圈的电感是_____，线圈中的磁感应强度为_____。

二、判断题

题号	1	2	3	4	5	6	7	8	9	10
答案										
题号	11	12	13	14	15	16	17	18	19	20
答案										

1．一条形磁体一端为 N 极，一端为 S 极，若磁体断成两段，则一段为 N 极，一段为 S 极。

2．磁感应线的方向总是从 N 极指向 S 极。

3．磁导率是一个用来表示媒介质磁性能的物理量，不同的物质有不同的磁导率。

4．铁磁材料具有高导磁性，其磁导率 μ 与真空中的磁导率 μ_0 之比 $\mu_r = \mu/\mu_0 >> 1$，磁导率 μ 不是常数，随磁场强度 H 而变化。

5．磁化力即为磁场强度 H。

6．磁场强度的大小与磁导率大小无关。

7．在通电螺线管中插入一根铁棒，会大为增强该螺线管的磁场。

8．磁感应强度 B 是一个矢量，即不仅有大小而且有方向。

9．在磁场中，某点的磁场强弱用磁场强度这个物理量来表示。

10．硅钢片置于一个变化的磁场中，其内部一定有涡流。

11．磁路欧姆定律表达形式和电路欧姆定律的相似，可以用来计算磁路。

12．交流电磁铁既可以用在直流电路中，也可以用在交流电路中。

13．直流电磁铁吸力随气隙的减少而增加。

14．如图 4-3 所示，当动圈电流由 b 流进，a 流出时，其指针将顺时针方向偏转。

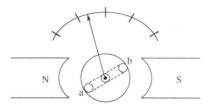

图 4-3　题 14 图

15．在电磁感应中，感应电流和感应电动势是同时存在的；没有感应电流，也就没有感应电动势。

16．电路中有感应电流，必有感应电动势。

17．感应电流永远与原电流方向相反。

18．感应电流产生的磁场方向总是跟原磁场的方向相反。

19．互感电动势的方向与线圈的绕向是有关的。

20．磁路中的欧姆定律是：磁感应强度与磁感应电动势成正比，而与磁阻成反比。

三、单项选择题

1. 1820 年，丹麦科学家（   ）发现通电导体周围存在磁场。
   A．奥斯特   B．法拉第
   C．麦克斯韦   D．高斯

2. 下列说法中正确的是（   ）。
   A．一段通电导线处在磁场某处受到的力越大，则该处的磁感应强度也越大
   B．磁感应线越密的地方磁感应强度也越大
   C．通电导线在磁场中受力为零，则磁感应强度也一定为零
   D．在磁感应强度为 B 的匀强磁场中，放入一面积为 S 的线框，通过线框的磁通一定为 $\Phi = BS$。

3. 磁感应强度 B 是描述磁场强弱和方向的物理量，它还是（   ）。
   A．由实验得出的一个重要数据   B．垂直穿过某一面积的磁通量
   C．描述磁场强弱和方向的磁场强度 H D．磁通密度

4. 在一空心通电线圈中插入铁心后，其磁路中的磁通将（   ）。
   A．不变   B．略为增加
   C．减小   D．大大增加

5. 磁感应强度是（   ）。
   A．标量   B．矢量
   C．无理量   D．无法确定

6. 下列结论中正确的是（   ）。
   A．磁感应强度与磁场强度的关系是线性的
   B．如果磁铁为永久磁铁，那么磁场对电流的作用力是由励磁电流决定的
   C．磁场中各点磁场强度的大小只与电流的大小和导体的形状有关，而与媒介质的性质无关
   D．铁磁性物质在反复交变磁化中，B 的变化总是超前于 H 的变化

7. 将一直流铁心线圈的铁心锯开一个口子，若线圈匝数不变，气隙处磁场强度 H 将（   ）。
   A．减小   B．增大   C．不变

8. 相同长度、相同截面积的两段磁路，A 段为气隙，磁阻为 R_{mA}，B 段为铸钢，磁阻为 R_{mB}，则（   ）。
   A．$R_{mA}=R_{mB}$ B．$R_{mA}<R_{mB}$
   C．$R_{mA}>R_{mb}$ D．条件不够，不能比较

9. 磁路中如果存在分支磁路，是指（   ）。
   A．通过横截面的磁通不相等   B．通过每一横截面的磁通都相等
   C．构成磁路的各部分材料性质不同 D．磁路是闭合的，且有气隙存在

10. 磁路欧姆定律公式适用于（   ）。
    A．对各种材料的磁路定性分析与定量计算
    B．铁磁材料的定量计算

C. 非铁磁材料的定性分析

D. 铁磁材料的定性分析

11. 在均匀磁场中放入一个 500 匝的正方形通电线圈，每边边长为 40cm。已知 B=0.5T，I=2A，当线圈平面与磁力线平行时，线圈所受到的力矩为（　　）。

A. 0 N·m　　　　　　　　　　　　B. 8×10^2 N·m

C. 40 N·m　　　　　　　　　　　 D. 80 N·m

12. 在空气中无限长的两根平行直导线，当两导线中各自流动的电流方向相反时，则该两导线之间将产生（　　）。

A. 吸力　　　　　　　　　　　　 B. 斥力

C. 吸力和斥力　　　　　　　　　 D. 无法确定

13. 若通电线圈在磁场中受到的转矩最大，则该线圈平面与磁力线的夹角应为（　　）。

A. 0°　　　　　　　　　　　　　 B. 30°

C. 60°　　　　　　　　　　　　　D. 90°

14. 如图 4-4 所示电路，在研究自感现象的实验中，由于线圈 L 的作用，（　　）。

A. 电路接通时，电灯不会亮

B. 电路接通时，电灯不能立即达到正常亮度

C. 电路切断瞬间，电灯突然发出较强的光

D. 电路接通后，电灯发光比较暗

15. 如图 4-5 所示电路，开关 S 闭合且线圈电流已达稳定值，当开关 S 断开瞬时，线圈 A、B 两端的电位为（　　）。

A. $V_A>V_B$　　　　　　　　　　 B. $V_A=V_B$

C. $V_A<V_B$　　　　　　　　　　 D. $V_A=-V_B$

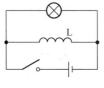

图 4-4　题 14 图

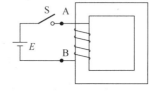

图 4-5　题 15 图

16. 当导体相对于磁场运动而切割磁力线产生的感应电动势最大时，导体与磁力线的夹角为（　　）。

A. 0°　　　　　　　B. 45°　　　　　　　C. 90°

17. 判断运动导体切割磁力线所产生感应电动势的方向是用（　　）。

A. 右手定则　　　　　　　　　　 B. 左手定则

C. 右手螺旋法则　　　　　　　　 D. 左手螺旋法则

18. 法拉第电磁感应定律可以这样表述：闭合电路中感应电动势的大小（　　）。

A. 与穿过这一闭合电路的磁通变化率成正比

B. 与穿过这一闭合电路的磁通成正比

C. 与穿过这一闭合电路的磁感应强度成正比

D. 与穿过这一闭合电路的磁通变化量成正比

19. 线圈中产生的自感电动势总是（　　　）。

　　A. 与线圈内的原电流方向相同　　　　B. 与线圈内的原电流方向相反

　　C. 阻碍线圈内原电流的变化　　　　　D. 上面三种说法都不正确

20. 两个尺寸完全相同的环形线圈，一个为铁心，另一个为木心，当通以相等的直流电时，铁心线圈中的磁感应强度 B_1 与木心线圈中的磁感应强度 B_2 相比较为（　　　）。

　　A. $B_1 < B_2$　　　　　　　　　　　　B. $B_1 > B_2$

　　C. $B_1 = B_2$　　　　　　　　　　　　D. 无法比较

21. 如图 4-6 所示电路，当电位器的触头向右移动时，AB、CD 作用力的方向（　　　）。

　　A. AB 垂直向外，CD 垂直向里　　　　B. AB 垂直向里，CD 垂直向外

　　C. AB 垂直向左，CD 垂直向左　　　　D. AB 垂直向左，CD 垂直向右

22. 如图 4-7 所示，三个线圈的同名端是（　　　）。

　　A. 1、3、5　　　　　　　　　　　　　B. 2、4、6

　　C. 1、4、6　　　　　　　　　　　　　D. 2、4、5

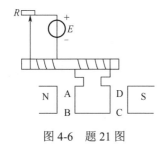
图 4-6　题 21 图

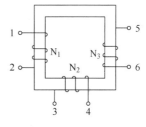
图 4-7　题 22 图

23. 给一个自感系数为 0.5H 的线圈中通以 10A 的电流，则它所储存的磁能为（　　　）。

　　A. 2.5J　　　　　　　　　　　　　　B. 5J

　　C. 25J　　　　　　　　　　　　　　　D. 50J

四、计算题

1. 若两线圈的自感系数分别为 $L_1 = 0.5H$，$L_2 = 0.08H$，耦合系数 $K = 0.75$，求两线圈顺串与反串时的等效电感。

2．图 4-8 所示为具有互感的两线圈作不同的串联，若 $L_{ac}=30\text{mH}$，$L_{ad}=46\text{mH}$，则两互感线圈的同名端是什么？互感系数是多大？

a ⌒⌒⌒ b d ⌒⌒⌒ c
a ⌒⌒⌒ b c ⌒⌒⌒ d

图 4-8　题 2 图

3．在图 4-9 所示电路中，两线圈的电感分别为 $L_1=200\text{mH}$ 和 L_2。它们之间的互感 $M=80\text{mH}$，同名端在图中已标出，现电感为 L_1 的线圈与电动势 $E=20\text{V}$ 的直流电源相连，已知在开关 S 突然接通的瞬间，回路中的电流为零，问此时电压表正偏还是反偏？电压表的读数为多少？

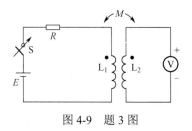

图 4-9　题 3 图

4．有一个 1000 匝的线圈，在 0.005s 的时间内，电流由 10A 减小到 5A，磁通由 0.01Wb 减小到 0.005Wb，求线圈的自感电动势和电感量是多少？

5．有一个匝数 $N=800$，面积 $S=4\text{cm}^2$ 的线圈，其平面的切线与 $B=1.25\text{T}$ 的磁场垂直。如果在 0.025s 内将该线圈完全从磁场中移出，则这个线圈中产生的感应电动势为多少？

6．试判断如图 4-10 所示电路，当开关处于以下三种状态时，线圈感应电流的方向及感应电动势的极性。

（1）开关 S 闭合瞬间；（2）开关 S 闭合后一段时间；（3）开关 S 断开瞬间。

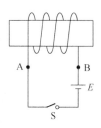

图 4-10　题 6 图

7．一个平均长度为 15cm、截面积为 $2cm^2$ 的铁氧体环形磁心上均匀分布 500 匝线圈，测出其电感为 0.6H，试求磁心的相对磁导率。如果其他条件不变而匝数增加为 2000 匝，试求此线圈的电感。

8．如图 4-11 所示，当可变电阻触点 M 向右移动时：

（1）标出 L_2 上感应电流的方向；

（2）指出 AB、CD 相互作用力的方向；

（3）指出线圈 GHJK 的转动方向。

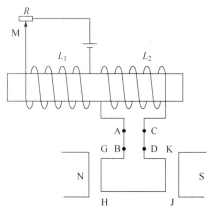

图 4-11　题 8 图

五、综合题

1. 在图 4-12 中标出放在通电螺线管右边的小磁针的 N 极。

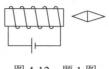

图 4-12　题 1 图

2. 如图 4-13 所示根据磁体的运动方向，判断并标出通过电阻的电流方向。

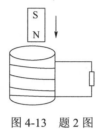

图 4-13　题 2 图

3. 在图 4-14 中标出导体中的感应电流方向。

图 4-14　题 3 图

4. 在图 4-15 中标出通电导体在磁场中受到的磁场力的方向。

图 4-15　题 4 图

5．在图 4-16 中标出所缺的电流或磁场力或磁场方向。

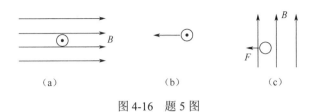

图 4-16　题 5 图

6．在图 4-17 中标出线圈的同名端。

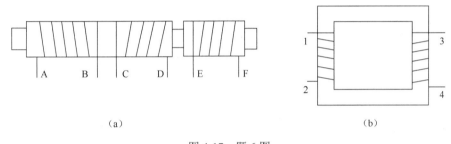

（a）　　　　　　　　　　　　　（b）

图 4-17　题 6 图

7．如图 4-18 所示电路，当线圈 L_1 中电流均匀变小时，线圈 L_2、L_3、L_4 中是否有电流，并说明原因。

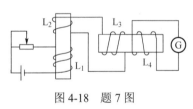

图 4-18　题 7 图

8．在图 4-19 中，判断并标出同名端。

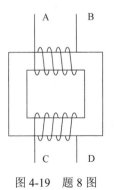

图 4-19　题 8 图

9. 如图 4-20 所示电路，当开关 S 处于下列三种状态时，试判断检流计的偏转方向？

（1）开关 S 闭合瞬间；

（2）开关 S 闭合后一段时间；

（3）开关 S 断开瞬间。

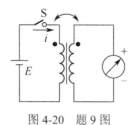

图 4-20　题 9 图

磁与电磁单元测试（C）卷

时量：90 分钟　　总分：100 分　　难度等级：【中】

一、填空题（每空 2 分，共计 40 分）

1．真空的磁导率 $\mu_0=$_____，各类物质的磁导率和真空磁导率的比值称为_____，_____性物质的磁导率远远大于真空的磁导率。

2．一个线圈铁心的截面积为 $2.5cm^2$，线圈的匝数为 2 000 匝，当线圈中电流由零增至 2A 时，线圈从外电路共吸收能量为 0.4J，那么该线圈的电感是_____，通过线圈的磁通为_____，线圈中的磁感应强度为_____。

3．通电导体在磁场中所受电磁力的方向可用_____定则来判断。

4．面积为 $1m^2$ 的矩形线圈置于 B=0.8T 的匀强磁场中，通入 5A 电流时受到的最大力偶矩为_____N·m。

5．由于通过线圈本身的电流发生变化而引起电磁感应称为_____。自感电动势方向永远同外电流变化趋势_____，即外电流增加时，它与外电流方向_____，而外电流减小时，它与外电流方向_____。

6．两个线圈顺串时的等效电感为 1H，反串时的等效电感为 0.4H，则线圈的互感系数为_____。

7．当铁心电感中的电流变化时，穿过铁心的磁通也会随之变化，就导致铁心中产生涡旋状电流，称之为_____，其具有电磁驱动作用、电磁阻尼作用、去磁作用及_____等。

8．如图 4C-1 所示，导体 AB 沿导轨向右匀加速运动时，导体 AB 中的感应电流方向是_____，CD 导线中感应电流的方向是_____；CD 导线在 EF 直流电流磁场中所受磁场力的方向是_____。

9．如图 4C-2 所示电路，在 $i_{AB}>0$ 状态下，电压表正偏，电流表反偏，这表示_____为同名端。

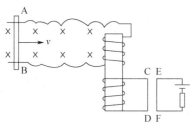

图 4C-1　题 8 图

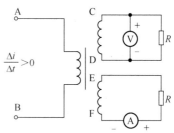

图 4C-2　题 9 图

10．有一个电感线圈，电感量为 0.056H，通过线圈的电流为 100A，试问线圈储存的磁场能为_____。

二、判断题（每小题 1 分，共计 10 分）

题号	1	2	3	4	5	6	7	8	9	10
答案										

1．磁场中某点磁场的方向与置于该点的小磁针偏转方向一致。

2．磁感应强度与磁场中某块面积的乘积称为该面积的磁通。

3．一般将铁磁材料分为硬磁材料、软磁材料和矩磁材料。

4．使剩磁为零时的反向磁场强度称为矫顽磁力。

5．洛仑兹力方向的判定用左手定则。

6．直导线在磁场中有相对运动或线圈中磁通发生变化就一定会产生感应电动势。

7．自感电动势的大小与产生它的电流成正比。

8．不管外电路是否闭合，只要穿过电路的磁通量发生变化，电路中就有感应电动势产生。

9．只有磁通发生变化，才能产生电磁感应现象。

10．两个电感量均为5H的互感线圈串联，在全耦合时相当于一个电感量为20H的线圈。

三、单项选择题（每小题 2 分，共计 20 分）

1．下列关于磁力线的说法中，正确的是（　　　）。

  A．磁力线是磁场中客观存在的有方向的曲线

  B．磁力线始于磁铁的北极而终止于磁铁的南极

  C．磁力线上的方向表示磁场方向

  D．磁力线上某点处小磁针静止时北极所指的方向与该点磁场方向一定一致

2．如图 4C-3 所示，直导体 L_1 与 L_2 垂直，L_1 与 L_2 绝缘，L_2 可绕 O 点自由转动，通入图示电流后，下列说法正确的是（　　　）。

  A．L_2 有向下运动的趋势　　　　　　　B．L_2 所受电磁合力为零，不运动

  C．L_2 逆时针运动靠近 L_1　　　　　　D．L_2 顺时针运动靠近 L_1

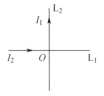

图 4C-3　题 2 图

3．如图 4C-4 所示，金属线框 ABCD 由细线悬吊着，图中虚线区域内是垂直于线框向里的匀强磁场，要使悬线的拉力变大，可采用的方法有（　　　）。

  A．将磁场向上平动　　　　　　　　　　B．在线框内将磁场向左平动

  C．将磁场均匀增强　　　　　　　　　　D．将磁场均匀减弱

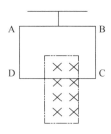

图 4C-4　题 3 图

4. 现有一空心电感，已知其电感量为 0.6H，现将它的两端接在一起作一个输出端，将它的中间引出作为另一个输出端，电感的电感量为（　　）。

　　A．1.2H　　　　　　　　　　B．0.6H

　　C．大于 0.6H　　　　　　　　D．小于 0.6H

5. 如图 4C-5 所示三个线圈的同名端是（　　）。

　　A．1、3、5 端子　　　　　　　B．1、3、6 端子

　　C．1、4、6 端子　　　　　　　D．1、4、5 端子

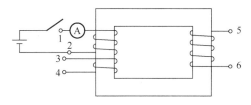

图 4C-5　题 5 图

6. 如图 4C-6 所示电路，两线圈的电感分别为 L_1 和 L_2，其中 L_1=200mH，互感系数 M=80mH，同名端如图所示，现电感为 L_1 的线圈与电动势 E=10V，内阻为 0.5Ω 的直流电源相连，开关 S 突然闭合的瞬间，以下说法正确的是（　　）。

　　A．初级电流为 20A

　　B．电压表反偏

　　C．电压表的内阻越高，偏转角度越大

　　D．电压表的读数是 4V

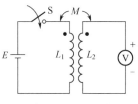

图 4C-6　题 6 图

7. 如图 4C-7 所示为处于磁场中的通电线圈，当线圈在（　　）时，电磁力矩最大。

　　A．如图位置　　　　　　　　　B．如图位置顺时针转 90°

　　C．电磁力矩处处相等　　　　　D．如图位置顺时针转 45°

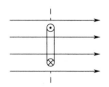

图 4C-7　题 7 图

8. 如图 4C-8 所示为理想变压器电路，已知 $N_1=N_2$，当开关 S 闭合时，两个相同的灯泡 D_1、D_2 出现的现象是（　　）。

A．D_1、D_2 都不亮　　　　　　　　　B．D_1、D_2 渐亮后并保持不变

C．D_1、D_2 立即亮　　　　　　　　　D．D_1 渐亮，D_2 由亮变暗再灭

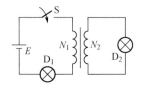

图 4C-8　题 8 图

9. 如图 4C-9 所示，导线垂直于匀强磁场强度的方向并做平动，"·"表示磁场强度方向，"→"表示平动方向。下面关于感应电动势描述正确的是（　　）。

A．产生感应电动势，a 端为高电位

B．产生感应电动势，b 端为高电位

C．产生感应电动势，a 端和 b 端电位相等

D．不产生感应电动势

图 4C-9　题 9 图

10. 有一个铜环与一个木环，形状、大小相同，分别用两块相同的条形磁铁以相同速度同时从两环中相同的位置抽出，在同一时刻，这两环的磁通是（　　）。

A．铜环磁通大　　　　　　　　　　　B．木环磁通大

C．两环磁通相同　　　　　　　　　　D．无法确定

四、计算题（15 分）

1. 有一个电感线圈，自感系数 L 为 1.6H，当通过它的电流在 0.005s 内，由 0.5A 增加到 5A 时，线圈产生的感生电动势为多少？线圈的磁场能量增加了多少？（7 分）

2. 有一个 1000 匝的线圈，在 0.4s 内穿过它的磁通从 0.02Wb 增加到 0.09Wb，求线圈中的感应电动势？如果线路的电阻是 10Ω，当它跟一个电阻为 990Ω 的电热器串联组成闭合电路时，通过电热器的电流是多大？（8 分）

五、综合题（15 分）

1. 如图 4C-10 所示，当条形磁铁从圆柱形线圈中拔出时，请在线圈两端的括号内标出感应电压的极性（用"+"、"–"号表示），并判断图中小磁针的偏转方向。（7 分）

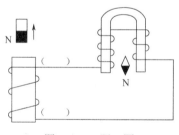

图 4C-10　题 1 图

2. 如图 4C-11 所示电路，当长度为 L 的 CD 导体在匀强磁场中沿两条轨道 E、F（电阻不计）无摩擦地下滑时，A、B 线圈中是否有电流？若有，则方向如何？导线 MN 与 PG 是否有相互作用？若有，作用力的方向如何？（8 分）

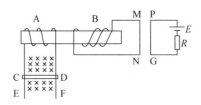

图 4C-11　题 2 图

磁与电磁单元测试（D）卷

时量：90 分钟　　总分：100 分　　难度等级：【中】

一、填空题（每空 2 分，共计 40 分）

1．若磁场中各点的磁感应强度的大小和方向完全相同时，这种磁场就称为_____，该磁场中的磁力线是等距离的_____。

2．有一空心环形螺旋线圈的平均周长为 31.4 cm，截面积为 25 cm^2，线圈共绕有 1000 匝，若在线圈中通入 2A 的电流，那么该磁路中磁阻为_____，通过的磁通为_____。

3．对于低频交变磁场，磁屏蔽罩应选用导_____性能良好的_____材料制作；对于高频交变磁场，磁屏蔽罩应选用导_____性能良好的_____材料制作。

4．某直导线中通有 2A 的电流，在与之相距 0.1m 处的磁场强度为_____。

5．互感电动势的方向不仅决定于互感磁通的_____，而且还与线圈的_____有关。

6．线圈匝数为 1000 匝，穿过线圈的磁通在 0.4s 内均匀地由零增加到 3.6×10^{-3}Wb，线圈中产生的感应电动势大小为_____ V。

7．如图 4D-1 所示电路，若 $U_3 = U_1 - U_2$，则_____端与_____为异名端。

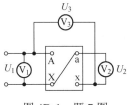

图 4D-1　题 7 图

8．如图 4D-2 所示电路，如果线圈的电阻不计，分析下述四种情况下，C、D 两点电位的高低：（1）开关 S 未接通时，_____；（2）开关 S 闭合的瞬间，_____；（3）开关 S 闭合后，_____；（4）开关 S 断开的瞬间，_____。

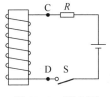

图 4D-2　题 8 图

9. 如图 4D-3 所示，在一纸筒上绕有两个相同的线圈 ab 和 a′b′，每个线圈的电感都是 0.05H，当 a 和 a′相接时，b 和 b′间的电感为_____；当 a′和 b 相接时，a 和 b′之间的电感为_____。（两线圈的耦合系数 K=1）

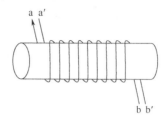

图 4D-3　题 9 图

二、判断题（每小题 1 分，共计 10 分）

题号	1	2	3	4	5	6	7	8	9	10
答案										

1．互感现象中一定存在着自感现象。

2．各种电机、变压器的铁心都是易磁化、易去磁的软磁材料制作的。

3．对于铁心线圈，其磁通与产生它的励磁电流之间成正比关系。

4．磁路的磁阻与磁路的材质及几何尺寸有关。

5．为了消除铁磁材料的剩磁，可以在原线圈中通以适当的反向电流。

6．铁磁材料的磁感应强度 B 与磁场强度 H 之间的关系是线性关系。

7．由自感系数定义式 $L=\psi/I$ 可知，当空心线圈中通过的电流越小，自感系数就越大。

8．感应电流产生的磁场方向总是跟原磁场的方向相反。

9．通电导线在磁场中某处受到的力为零，则该处的磁感应强度一定为零。

10．在电机和变压器铁心材料周围的气隙中会存在少量漏磁通。

三、单项选择题（每小题 2 分，共计 20 分）

1．关于磁通和磁感应强度，下列说法正确的是（　　）。

A．磁通是穿过与磁场方向垂直的单位面积的磁感线的数量

B．磁感应强度是穿过单位面积的磁感线的数量

C．单位面积上的磁通就是磁感应强度

D．磁通反映了磁场的强弱，而磁感应强度不能反映磁场的强弱

2．一个电子做高速逆时针方向的圆周运动，则此电子的运动（　　）。

A．不产生磁场

B．产生磁场，圆心处的磁场方向垂直纸面向里

C．只有圆周内外有磁场

D．产生磁场，圆心处的磁场方向垂直纸面向外

3．下列说法正确的是（　　）。

A. 电磁铁的铁心是由软磁材料制成的

B. 铁磁材料磁化曲线饱和点的磁导率最大

C. 铁磁材料的磁滞回线越宽，说明它在反复磁化过程中的磁滞损耗和涡流损耗越大

D. 通入线圈中的电流越大，产生的磁场越强

4. 如图 4D-4 所示电路，磁极间通电直导体的受力情况为（　　）。

    A. 向上受力   B. 向下受力

    C. 向左受力   D. 向右受力

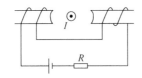

图 4D-4　题 4 图

5. 如图 4D-5，三根平行导线 A、B、C 通过的电流都为 I，则（　　）。

    A. A 线向上弯，B、C 二线向下弯

    B. A 线向下弯，B、C 二线向上弯

    C. A 线向上弯，B 线不动，C 线下弯

    D. A 线向下弯，B 线不动，C 线上弯

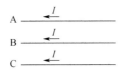

图 4D-5　题 5 图

6. 线圈中产生的自感电动势总是（　　）。

    A. 与线圈内的原电流方向相反   B. 与线圈内的原电流方向相同

    C. 阻碍线圈内原电流的变化   D. 以上三种说法都不正确

7. 如图 4D-6 所示电路，在开关 S 突然断开的瞬间，（　　）。

    A. 伏特表指针反打，因高压而损坏   B. 安培表指针反打，因过流而损坏

    C. 伏特表、安培表都安全   D. 无法确定

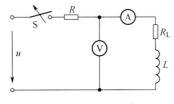

图 4D-6　题 7 图

8. 如图 4D-7 所示为一台变压器的原绕组由两个承受 110V 电压的线圈绕成，若接到 220V 电源上，则两线圈的连接方式是（　　）。

    A. 1、3 连接；2、4 接电源   B. 1、2 连接；3、4 接电源

C. 2、3 连接；1、4 接电源　　　　D. 2、4 连接；1、3 接电源

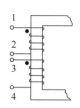

图 4D-7　题 8 图

9. 如图 4D-8 所示，长直导线内电流 I 的方向向上，线框 ABCD 在纸面内匀速向右移动，则线框内（　　）。

A. 没有感应电流产生　　　　　　　B. 产生感应电流方向为 ABCDA

C. 产生感应电流方向为 ADCBA　　　D. 难以确定

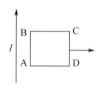

图 4D-8　题 9 图

10. 如图 4D-9 所示电路，L 为足够大的电感，电阻可忽略不计，EL_1 和 EL_2 是两个相同的小白炽灯。如将开关 S 闭合，待灯亮度稳定后再断开，则随着开关 S 的闭合和断开，EL_1 和 EL_2 的亮度将是（　　）。

A. 开关 S 闭合：EL_2 很亮、EL_1 不亮；开关 S 断开：EL_1、EL_2 即熄灭

B. 开关 S 闭合：EL_1 很亮、EL_2 逐渐亮，最后一样亮；开关 S 断开：EL_2 即灭、EL_1 逐渐灭

C. 开关 S 闭合：EL_1、EL_2 同时亮，然后 EL_1 灭、EL_2 不变；开关 S 断开：$EL2$ 即灭、EL_1 亮一下后灭

D. 开关 S 闭合：EL_1、EL_2 都亮，EL_1 从亮变暗至灭，EL_2 则同时变得更亮；开关 S 断开：EL_2 即灭、EL_1 亮一下后灭

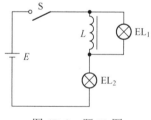

图 4D-9　题 10 图

四、计算题（15 分）

如图 4D-10 所示，平行金属框置于磁感应强度 $B=1T$ 的匀强磁场中，磁力线与金属框平面垂直，框上连接有电阻 $R=8\Omega$，金属框的电阻忽略不计，CD 间的距离 $d=1m$，长度 $l=2m$，

电阻 $r=4\Omega$ 的均匀导体棒 AB 在恒力 $F=1N$ 的作用下，从静止开始向右平移（忽略摩擦），AB 棒移动过程中始终与金属框接触。金属框足够长，磁场区域足够大。

（1）判断通过电阻 R 的电流方向；（3分）

（2）判断 AB 棒所受安培力的方向；（3分）

（3）求 AB 棒能达到的最大速度；（3分）

（4）求 AB 棒最大速度时，R 消耗的电功率 P；（3分）

（5）求 AB 棒最大速度时，A、B 两端的电位差，哪端电位高？（3分）

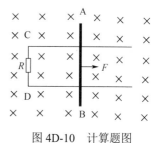

图 4D-10　计算题图

五、综合题（15分）

1. 如图 4D-11 所示电路，开关 S 闭合瞬间，L_3、L_4 中是否有电流？若有，则标出感应电流的方向和 G 中的电流方向；若没有，则说明原因？（7分）

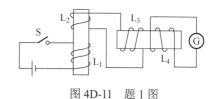

图 4D-11　题 1 图

2. 判断图 4D-12 所示电路中三个线圈的同名端和开关 S 断开瞬间, 三个线圈中感应电动势的极性及流过 R_1、R_2 的电流方向。(在图中标注出来)(8 分)

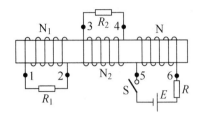

图 4D-12   题 2 图

第五章　正弦交流电路

一、填空题

1. 我国电力供电系统中，交流电的频率 $f=$＿＿＿＿＿＿＿Hz，其周期 $T=$＿＿＿＿＿＿＿。

2. 随时间 t 变化的正弦量在 $t=0$ 时的相位角，称为此正弦量的＿＿＿＿＿＿。

3. 交流电的有效值是根据电流的＿＿＿＿＿＿＿效应来规定的。

4. 正弦交流电的表示方法有＿＿＿＿＿＿、＿＿＿＿＿＿、＿＿＿＿＿＿和＿＿＿＿＿＿
四种。

5. 两个正弦量同相，说明这两个正弦量的相位差为＿＿＿＿＿＿；两个正弦量反相，
说明这两个正弦量的相位差为＿＿＿＿＿＿；两个正弦量正交，说明这两个正弦量的相位差
为＿＿＿＿＿＿。

6. 如图5-1所示，该电流的初相位是＿＿＿＿＿＿，电流的最大值是＿＿＿＿＿＿，$t=0.01$s
时电流的瞬时值是＿＿＿＿＿＿。

7. 如图5-2所示为交流发电机的示意图，线圈在匀强磁场中以一定的角速度匀速转动，
线圈电阻 $r=5\Omega$，负载电阻 $R=15\Omega$，当开关 S 断开时，交流电压表的示数为40V；当开关 S
合上时，负载电阻 R 上电压的振幅值为＿＿＿＿＿＿V。

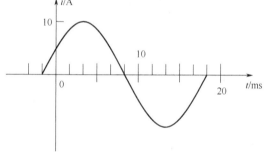

图5-1　题6图

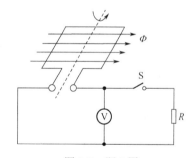

图5-2　题7图

8. 某路照明电的电压是220V，这是指电压的＿＿＿＿值，接入一个标有"220V/100W"
的白炽灯后，灯丝上通过的电流的有效值是＿＿＿＿＿＿A，电流的最大值＿＿＿＿＿＿A。

9. 有一个电热器接到10V的直流电源上，在时间 t 内能将一壶水煮沸。若将电热器接
到 $u=10\sin\omega t$V 的交流电源上，煮沸同一壶水需要时间＿＿＿＿＿＿；若将电热器接到另一
交流电源上，煮沸同一壶水需要时间 $\dfrac{t}{3}$，则这个交流电源的电压最大值为＿＿＿＿＿＿V。

10. 电压 $u=311\sin(314t+30°)$V 的最大值是＿＿＿＿＿＿V，有效值是＿＿＿＿＿＿V，
当 $t=0$ 时电压的瞬时值是＿＿＿＿＿＿V。

11. 已知 $u=220\sin(\omega t+\dfrac{\pi}{6})$V，$i=15\sin(\omega t+\dfrac{\pi}{3})$A，则 u 的初相位 $\varphi_u=$＿＿＿＿＿＿，

i 的初相位 φ_i=_____，电流与电压之间的相位差为_____。

12．正弦交流电流的表达式为 $i = 10\sqrt{2}\sin(314t - 90°)\text{mA}$，当时间 t=0.015s 时，电流的相位为_____，瞬时值为_____mA。

13．频率为 10Hz 的正弦交流电压 u 与电流 i 的初相位之差为 $\varphi_{ui} = \dfrac{\pi}{5}$，说明电压 u 比电流 i 超前_____ms。

14．已知电流 i 的表达式 $i = 200\sin(100\pi t - 45°)\text{A}$，则在 0.01s 的瞬时值为_____A。

15．已知某正弦交流电压的振幅值为 314V，频率为 50Hz，初相位为 –30°，则当 t=0.01s 时，$u_{(t)}$=_____V。

16．已知一正弦交流电压 $u = \sqrt{2}\sin(314t + 60°)\text{V}$，其有效值为_____V，相位为_____，角频率为_____，初相位为_____。

17．已知一正弦交流电压 $u = \sqrt{2}\sin(314t + \dfrac{\pi}{3})\text{V}$，当 $t = \dfrac{1}{600}$s 时的瞬时值 u=_____V。

18．一电流的瞬时值为 $i = 10\sqrt{2}\sin(314t + 60°)\text{A}$，它的最大值是_____A，有效值为_____A，频率是_____Hz，初相位是_____。

19．交流电流 $i = 10\sin(100\pi t + \dfrac{\pi}{3})\text{A}$，$i$ 第一次达到 0 值时所需的时间是_____ms，i 第二次达到正的最大值时所需的时间是_____ms。

20．正弦交流电压 $u = 220\sqrt{2}\sin(3140t - \dfrac{\pi}{6})\text{V}$，其最大值 U_m=_____V，有效值 U=_____V，角频率 ω=_____，周期 T=_____，初相位 φ=_____。

21．在纯电阻交流电路中，电流和电压相位_____；在纯电感交流电路中，电流_____于电压_____度；在电阻和电容串联交流电路中，电流_____于电压。

22．在纯电阻电路中，无功功率 Q=_____，功率因数 $\cos\varphi$=_____；在纯电感电路中，有功功率 P=_____，功率因数 $\cos\varphi$=_____；在纯电容电路中，有功功率 P=_____，功率因数 $\cos\varphi$=_____。

23．在纯电阻交流电路中，电压与电流的相位关系是_____，在纯电感交流电路中，电压与电流的相位关系是电压_____电流 90°。

24．纯电阻负载的功率因数为_____，而纯电感和纯电容负载的功率因数为_____，当电源电压和负载有功功率一定时，功率因数越低电源提供的电流越_____，线路的电压降越_____。

25．一感抗 X_L=10Ω 的纯电感中的电流为 $i = 10\sqrt{2}\sin(\omega t - 60°)\text{A}$，则其两端的电压 u=_____。

26．在电感相等且直流电阻忽略不计的 A、B 两个线圈上施加大小相等的电压，若 A 线圈的电压频率为 B 线圈电压频率的两倍，则 A 线圈中的电流等于 B 线圈中电流的___倍。

27．为反映出纯电感电路中能量的相互转换，把单位时间内能量转换的最大值（即瞬时功率的最大值），称为_____。

28．在正弦交流电路中，已知流过电感元件的电流 I=10A，电压 $u = 20\sqrt{2}\sin1000t\text{V}$，则电流 i=_____，感抗 X_L=_____Ω，电感 L=_____H，无功功率

$Q_L=$_____var。

29．图 5-3 所示为_____电路的波形图。

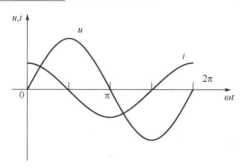

图 5-3　题 29 图

30．在纯电容电路中，电压 u_____于电流 i 90°，电容对直流相当于_____。

31．某负载电路的复数阻抗为 $Z=(20-j30)\Omega$，则该负载电路可等效为一个电阻元件和一个_____元件串联的电路。

32．在纯电容交流电路中，已知端电压 $u=100\sqrt{2}\sin(314t-\dfrac{\pi}{6})$V，容抗 $X_C=100\Omega$，则电流 $i=$_____，电压与电流的相位差 $\varphi=$_____，电容元件上消耗的功率 $P=$_____W，无功功率 $Q=$_____var。

33．已知某电路两端电压为 $u=100\sqrt{2}\sin(314t-30°)$V，电路中的电流是 $i=\sqrt{2}\sin(314t-90°)$A，则 $\Delta\varphi_{ui}=$_____，功率因数 $\cos\varphi=$_____。

34．电路的功率因数等于_____相位差的余弦值，它取决于电路的_____和电源的_____。

35．将一个电感性负载接在频率 f=50Hz 的交流电源上，已知 U=100V，I=10A，消耗功率 P=600W，则电路的功率因数 $\cos\varphi=$_____，负载的电阻 $R=$_____Ω，电感 $L=$_____H。

36．接上 20V 直流电源时，测得通过线圈的电流为 0.4A，当接上 65V、50Hz 交流电源时，测得通过线圈的电流为 0.5A，则该线圈的 $R=$_____，电感 $L=$_____。

37．某线圈的电阻 R=380Ω，当线圈两端加 U=380V、f=50Hz 的交流电源时，测得电流 I=0.5A，则线圈的电感 $L=$_____，线圈中电流与电压间的相位差 $\varphi=$_____。

38．接上 36V 的直流电源时，测得通过线圈的电流为 60mA；当接上 220V、50Hz 交流电源时，测得通过线圈的电流是 0.22A，则该线圈的电阻、电感分别为_____，_____。

39．在电阻和电感串联电路中，$\dot{U}=6e^{j30°}$V，R=1Ω，X_L=1Ω，则 $i=$_____；电流和总电压的相位关系是电流_____于电压。

40．交流电压 $u=220\sqrt{2}\sin(314t+90°)$V，电流 $i=5\sqrt{2}\sin(314t+60°)$A，则在相位上，电压_____于电流_____，此时的负载是_____性负载。

41．将 R、L 串联电路接在电压为 $u=U_m\sin\omega t$V 的电源上，当电压的角频率 ω=0 时，电路中的电流 $I=$_____，电路性质为_____；当 $\omega\neq0$ 时，电路性质为_____。

42．如图 5-4 所示二端网络，输入电压 $u=110\sqrt{2}\sin(\omega t+53°)$V，电流 $i=10\sqrt{2}\sin(\omega t+23°)$A，则 $U=$ _____，$I=$ _____，复阻抗 $Z=$ _____ Ω，有功功率 $P=$ _____ W，无功功率 $Q=$ _____，视在功率 $S=$ _____，该电路的性质为 _____。

43．在 RLC 串联电路中，已知 $R=6$Ω，$X_L=10$Ω，$X_C=4$Ω，则电路的性质为 _____，总电压在相位上比总电流 _____。

44．如图 5-5 所示电路，已知 $R=X_L=X_C=20$Ω，$U=110$V，则电流表 A 的读数为 _____，电压表 V_1 的读数为 _____，V_2 的读数为 _____。

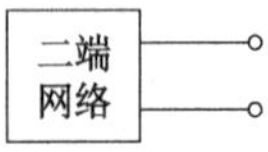

图 5-4 题 42 图

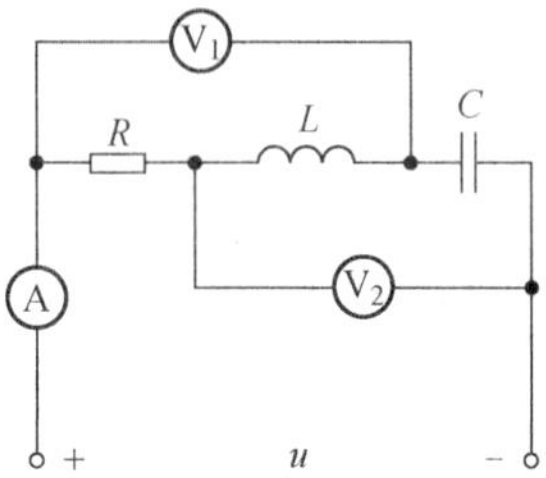

图 5-5 题 44 图

45．在谐振电路中，可以增大品质因数，以提高电路的 _____；但若品质因数过大，就使 _____ 变窄了，接收的信号就容易失真。

46．RLC 串联谐振电路和 RLC 并联谐振电路，在发生谐振时，两电路都呈 _____ 性。前者总阻抗最 _____，总电流最 _____；后者总阻抗最 _____，总电流最 _____。

47．串联谐振电路的品质因数 Q 是由参数 _____ 来决定的，Q 值越高则回路的选择性 _____，回路的通频带 _____。

48．复导纳 $Y=G-j(B_L-B_C)$，G 称为 _____，B_L 称为 _____，B_C 称为 _____。

49．在 RLC 串联正弦交流电路中，当 X_L _____ X_C 时，电路呈感性；当 X_L _____ X_C 时，电路呈容性；当 X_L _____ X_C 时，电路呈电阻性，此时电路发生谐振。

50．某 RLC 串联正弦交流电路，用电压表测得电阻、电感、电容上的电压均为 10V，用电流表测得电流为 10A，则此电路中 $R=$ _____，$P=$ _____，$Q=$ _____，$S=$ _____。

51．串联谐振又叫 _____ 谐振，常用作 _____ 电路，并联谐振又叫 _____ 谐振，常用作 _____ 电路。

52．如图 5-6 所示电路，$u=100\sqrt{2}\sin\omega t$V，当电路发生谐振时，电压表的读数为 _____ V，电流表的读数为 _____ A。

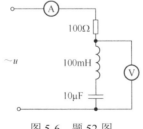

图 5-6 题 52 图

53．在 RLC 并联电路上加正弦交流电压，所加交流电压幅度不变，而频率增高时，_____支路的电流不变，_____支路的电流增大，_____支路的电流减小。

54．在 RLC 并联正弦交流电路中，当 X_L_____X_C 时，电路呈感性；当 X_L_____X_C 时，电路呈容性；当 X_L_____X_C 时，电路呈电阻性，此时电路发生谐振。

55．在图 5-7 所示电路中，已知 $R=X_C=20\Omega$，$X_L=10\Omega$，电流表 A_3 的读数为 5A，则电流表 A_1 的读数为_____，A_2 的读数为_____，A_4 的读数为_____，A 的读数为_____。

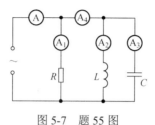

图 5-7　题 55 图

56．提高功率因数的目的是_____、_____；提高功率因数的方法有_____和_____；在电力系统中常用_____方法提高功率因数。

57．一台电源变压器给 $P=5kW$，$\cos\varphi=0.7$ 的感性负载供电，则变压器视在功率 $S=$_____，若负载的 $\cos\varphi'$ 提高到 0.9，则变压器视在功率 $S'=$_____。

58．电力系统中，在感性负载上并联电容器是为了提高_____，补偿电容器的计算公式为_____。

二、判断题

题号	1	2	3	4	5	6	7	8	9	10	11	12
答案												
题号	13	14	15	16	17	18	19	20	21	22	23	
答案												

1．两个同频正弦交流电的相位差大小，与选定的时间起点有关。

2．正弦交流电的三要素是指有效值、频率和周期。

3．正弦量的相位和初相有关。

4．把一个额定电压为 220V 的白炽灯，分别接到电压为 220V 的交流电源和直流电源上，灯的亮度则不同。

5．通常所说的交流电压 220V 或 380V 是指最大值。

6．已知 $i=-\cos\omega t\text{A}$，$u=\sin(\omega t+90°)\text{V}$，则此两正弦量同相。

7．只有正弦交流电，最大值是有效值的 $\sqrt{2}$ 倍。

8．由于正弦电压和电流均可用相量表示，所以复阻抗也可用相量表示。

9．如图 5-8 所示，$e_1=E_{1m}\sin\omega t\text{V}$，则有 $e_2=E_{2m}\sin(\omega t-\dfrac{\pi}{2})\text{V}$。

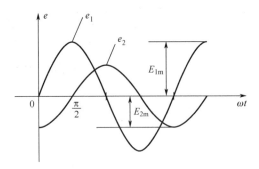

图 5-8　题 9 图

10．在 RL 串联电路中，U 不变，周期越长交流电变化越慢，电阻消耗的功率越小。

11．有一电感 L 与电容 C 相串联的正弦交流电路，已知 $U_L=5V$，$U_C=4V$，则总电压 $U=1V$。

12．在正弦交流电路中，$X_L = \dfrac{U}{i}$。

13．RLC 串联电路发生谐振时，电路的阻抗 $|Z|=R$，且 $U_L=U_C$。

14．在 RLC 串联电路中，感抗和容抗的数值越大，电路中的电流就越小，电流与电压的相位差就越大。

15．串联谐振又称电流谐振，线圈的电阻越小，电路的品质因数越高。

16．谐振电路品质因数越大，则其选择性越差。

17．RLC 串联电路呈感性时，$X_L>X_C$，$I_L>I_C$，$Q_L>Q_C$，$\varphi_z=\Delta\varphi_{ui}>0$。

18．RLC 并联电路呈感性时，$X_L<X_C$，$I_L>I_C$，$Q_L>Q_C$，$\varphi_z=\Delta\varphi_{ui}>0$。

19．当信号源的频率低于 RLC 串联电路的固有频率时，电路呈感性。

20．串联谐振会产生过电压，并联谐振会产生过电流。

21．RLC 并联电路发生谐振时阻抗最大。

22．电源提供的总功率越大，则表示负载取用的有功功率越大。

23．感性负载并联电容器后，负载本身功率因数将得到提高。

三、单项选择题

1．交流发电机内的中性面是指（　　）的平面。

  A．与磁力线垂直　　　　　　　　　B．与磁力线平行

  C．与磁力线斜交　　　　　　　　　D．电动势最大

2．交流电流表或交流电压表指示的数值是（　　）。

  A．平均值　　　　　　　　　　　　B．有效值

  C．最大值　　　　　　　　　　　　D．瞬时值

3．已知电压 $u = 220\sin(1000t + 60°)\text{V}$，$i = -10\cos(100t + 30°)\text{A}$，则电压与电流的相位差为（　　）。

  A．30°　　　　　　　　　　　　　　B．−90°

  C．12°　　　　　　　　　　　　　　D．以上答案都不对

4. 下列电容器能在市电照明电路中安全工作的是（　　）。

A. 220V/10μF　　　B. 250V/10μF　　　C. 300V/10μF　　　D. 400V/10μF

5. 某电阻接于 10V 直流电源上，产生的热功率为 1W，把该电阻改接到交流电源上并使其热功率为 0.25W，那么该交流电源电压的最大值是（　　）。

A. $5\sqrt{2}$ V　　　B. 5V　　　C. 14V　　　D. 10V

6. 灯泡上注明的额定电压 220V 是指电压的（　　）。

A. 最大值　　　B. 瞬时值　　　C. 有效值　　　D. 平均值

7. 已知两正弦电压 $u_1 = 50\sin(314t + \frac{\pi}{6})$V，$u_2 = 80\sin(314t - \frac{\pi}{3})$V，则 u_1 与 u_2 的相位关系为（　　）。

A. u_1 比 u_2 超前 30°　　　　　　　B. u_1 比 u_2 滞后 30°

C. u_1 比 u_2 超前 90°　　　　　　　D. u_1 比 u_2 滞后 90°

8. 人们常说的交流电压 220V、380V 是指交流电压的（　　）。

A. 最大值　　　B. 有效值　　　C. 瞬时值　　　D. 平均值

9. 如图 5-9 所示，下列结论正确的是（　　）。

A. i 比 u 超前 $\frac{\pi}{6}$　　　　　　　B. i 比 u 滞后 $\frac{\pi}{6}$

C. i 比 u 超前 $\frac{\pi}{3}$　　　　　　　D. i 比 u 滞后 $\frac{\pi}{3}$

10. 正弦交流电压的波形如图 5-10 所示，其瞬时值表达式为（　　）。

A. $u = U_m\sin(\omega t - 180°)$V　　　　　B. $u = -U_m\sin(\omega t + 90°)$V

C. $u = -U_m\sin(\omega t - 90°)$V

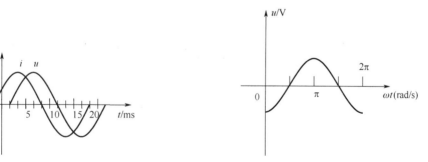

图 5-9　题 9 图　　　　　　　　　　　图 5-10　题 10 图

11. 如图 5-11 所示，其交流电压的数学表达式为（　　）。

A. $u = 8\sin(100\pi t - \frac{1}{400})$V　　　　　B. $u = 8\sin(100\pi t + \frac{1}{400})$V

C. $u = 8\sin(100\pi t + 45°)$V　　　　　　D. $u = 8\sin(100\pi t - 135°)$V

12. 一正弦交流电压波形如图 5-12 所示，其瞬时值表达式为（　　）。

A. $u = 10\sin(\omega t - \frac{\pi}{2})$V　　　　　　B. $u = 10\sin(\omega t + \pi)$V

C. $u = -10\sin(\omega t - \frac{\pi}{2})$V

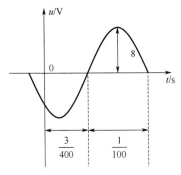

图 5-11　题 11 图

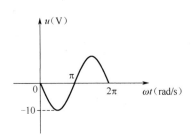

图 5-12　题 12 图

13．一个电热器接在 20V 的直流电源上，产生一定的热功率，把它改接到交流电源上，使产生的热功率是直流时的一半，则交流电源电压的最大值应是（　　　）。

　　　A．14.14V　　　　　B．10V　　　　　　C．28V　　　　　　D．20V

14．两个同频率正弦交流电的相位差等于 180°时，它们的相位关系是（　　　）。

　　　A．同相　　　　　　B．反相　　　　　　C．相等

15．正弦交流电的下述表示方法中，没有全面表示交流电三要素的是（　　　）。

　　　A．解析式法　　　B．波形图法　　　C．旋转矢量法　　　D．相量法

16．有两个同频率的交流电压，则两电压之和用下述方法表示错误的为（　　　）。

　　　A．$u = u_1 + u_2$　　　　　　　　　　　B．$U = U_1 + U_2$

　　　C．$\dot{U} = \dot{U}_1 + \dot{U}_2$　　　　　　　　　　　D．$u = U_m \sin(\omega t + \varphi)$

17．正弦交流电流 $i = 10\sqrt{2}\sin(314t + 60°)$A ，不可以表示为（　　　）。

　　　A．$\dot{I}_m = 10\sqrt{2} \angle 60°$A　　　　　　　B．$\dot{I} = 10$A

　　　C．$\dot{I} = 10 \angle 60°$A　　　　　　　　D．$\dot{I} = 10e^{j60°}$A

18．两个同频率正弦交流电流 i_1、i_2 的有效值各为 4A 和 3A，当 $i_1 + i_2$ 的有效值为 5A 时，i_1 与 i_2 的相位差是（　　　）。

　　　A．0°　　　　　　　B．180°　　　　　　C．45°　　　　　　D．90°

19．已知某电路端电压 $u = 220\sqrt{2}\sin(314t + 30°)$V，通过电路的电流 $i = 5\sin(314t + 40°)$A，u、i 为关联参考方向，该电路负载是（　　　）。

　　　A．纯电阻性　　　B．感性　　　　　　C．容性　　　　　　D．无法确定

20．当流过电感线圈的电流瞬时值为最大值时，线圈两端的瞬时电压值为（　　　）。

　　　A．零　　　　　　　B．最大值　　　　　C．有效值　　　　　D．不一定

21．在纯电感电路中，已知电流的初相位为 –60°，则电压的初相位为（　　　）。

　　　A．90°　　　　　　　B．120°　　　　　　C．60°　　　　　　D．30°

22．正弦电流通过电感元件时，下列关系中错误的是（　　　）。

　　　A．$U_m = \omega L I_m$　　B．$u_L = \omega L i$　　C．$Q_L = U_L I$　　D．$L = \dfrac{U}{\omega I}$

23．加在容抗 $X_C = 10\Omega$ 的纯电容两端的电压 $u_C = 10\sin(\omega t - \dfrac{\pi}{6})$V，则通过它的电流应是（　　　）。

A．$i_{\mathrm{C}} = \sin(\omega t + \dfrac{\pi}{3})\mathrm{A}$ 　　　B．$i_{\mathrm{C}} = \sin(\omega t + \dfrac{\pi}{6})\mathrm{A}$

C．$i_{\mathrm{C}} = \dfrac{1}{\sqrt{2}}\sin(\omega t + \dfrac{\pi}{3})\mathrm{A}$ 　　D．$i_{\mathrm{C}} = \dfrac{1}{\sqrt{2}}\sin(\omega t + \dfrac{\pi}{6})\mathrm{A}$

24. 将 $C=140\mu\mathrm{F}$ 的电容器接在 $u = 220\sqrt{2}\sin100\pi t(\mathrm{V})$ 的交流电源上，在 $t = \dfrac{T}{8}$ 时，电流 i 的瞬时值为（　　　）。

　　A．$i=0\mathrm{A}$　　　　B．$i=9.67\mathrm{A}$　　　　C．$i=-9.67\mathrm{A}$　　　　D．$i=0.5\mathrm{A}$

25. 如果确定 $\varphi_{ui}=\varphi_u-\varphi_i=-90°$，则可断定电路中含有（　　　）。

　　A．电阻元件　　　　B．电容元件　　　　C．电感元件　　　　D．电阻和电容元件

26. 电路中的三种基本元件 R、L、C 所对应的三种能量转换错误的是（　　　）。

　　A．消耗电能，并将电能转换成热能　　　B．磁场能的储存与释放

　　C．电场能的储存与释放　　　　　　　　D．电场能与磁场能相互转换与消耗

27. 有一个负载和电灯串联用交流电供电，电压不变，交流电频率分别为 50Hz 和 100Hz，发现 50Hz 时电灯要暗些，则该负载为（　　　）。

　　A．感性负载　　　　B．容性负载　　　　C．电阻性负载　　　　D．无法确定

28. 已知网络 N 的输入电压 $u = 50\sin(314t - 45°)\mathrm{V}$，输入电流 $i = 5\sqrt{2}\sin(314t + 30°)\mathrm{A}$，则该网络的电路性质为（　　　）。

　　A．电阻性　　　　B．感性　　　　C．容性　　　　D．无法判断

29. 某交流电路中，电感 L 与电阻 R 串联，已知感抗 $X_{\mathrm{L}}=7.07\Omega$，电阻 $R=7.07\Omega$，则其串联等效阻抗$|Z|$为（　　　）。

　　A．14.14Ω　　　　B．10Ω　　　　C．7.07Ω　　　　D．0Ω

30. 有功功率 P、无功功率 Q 与视在功率 S 之间，正确的关系式是（　　　）。

A．$S=P-Q$　　B．$S=\sqrt{P^2-Q^2}$　　C．$S=P+Q$　　D．$S=\sqrt{P^2+Q^2}$

31. 某线圈的电阻为 R，感抗为 X_{L}，则下列结论正确的是（　　　）。

　　A．它的阻抗是 $Z=R+X_{\mathrm{L}}$

　　B．电流为 i 的瞬间，电阻电压 $u_{\mathrm{R}} = iR$，电感电压 $u_{\mathrm{L}} = iX_{\mathrm{L}}$，端电压的有效值 $U=IZ$

　　C．端电压比电流超前 $\varphi = \arctan\dfrac{X_{\mathrm{L}}}{R}$

　　D．电路的功率为 $P=UI$

32. 在 RC 串联电路中，电压的表达式应为（　　　）。

　　A．$u = u_{\mathrm{R}} + u_{\mathrm{C}}$ 　　　　B．$u = \sqrt{u_{\mathrm{R}} + u_{\mathrm{C}}}$

　　C．$U = I\sqrt{R^2 + X_{\mathrm{C}}^2}$ 　　　D．$U = I(R + X_{\mathrm{C}})$

33. 若线圈电阻为 50Ω，外加 200V 的正弦电压时电流为 2A，则其感抗为（　　　）。

　　A．50Ω　　　　B．0Ω　　　　C．86.6Ω　　　　D．100Ω

34. 如图 5-13 所示电路，当开关 S 扳到"1"接通 20V 的直流电源时，通过线圈的电流为 0.4A，当开关 S 扳到"2"，接在 $f=50\mathrm{Hz}$，$U=65\mathrm{V}$ 的交流电源上，流过线圈的电流为 0.5A，则参数 R、L 为（　　　）。

　　A．50Ω、0.44H　　B．130Ω、0.44H　　C．120Ω、0.88H　　D．50Ω、0.38H

35．如图 5-14 所示为正弦交流电路，电源电压、频率不变，减小电容量时，电灯（　　）。

A．变暗　　　　　B．变亮　　　　　C．亮度不变　　　　D．无法确定

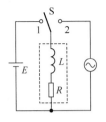

图 5-13　题 34 图

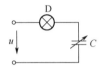

图 5-14　题 35 图

36．在单相交流电路中，计算有功功率的公式是（　　）。

A．$P=UI$　　　B．$P=I^2Z$　　　C．$P=\dfrac{U^2}{Z}$　　　D．$P=UI\cos\varphi$

37．将一感性负载接到频率为 50Hz 的交流电源上，功率因数为 0.5，若将电源频率变为 100Hz，则功率因数变为（　　）。

A．1　　　B．$\dfrac{1}{4}$　　　C．$\dfrac{\sqrt{2}}{2}$　　　D．$\dfrac{\sqrt{13}}{13}$

38．将一个电感线圈与一个小灯泡串接在某一交流电路中，如果电源频率升高，则会导致（　　）。

A．灯泡变暗　　　B．灯泡变亮　　　C．灯泡亮度不变　　　D．无法确定

39．交流电路中的基本元件不包括（　　）。

A．激励源的频率　　B．电阻元件　　　C．电容元件　　　　D．电感元件

40．已知某电路端电压 $u=220\sqrt{2}\sin(\omega t+30°)\text{V}$，通过电路的电流 $i=5\sin(\omega t+40°)\text{A}$，$u$、$i$ 为关联参考方向，该电路负载是（　　）。

A．容性　　　　B．感性　　　　　C．电阻性　　　　D．无法确定

41．在 R、L 串联的正弦交流电路中，下列表达式正确的是（　　）。

A．$X_L=\dfrac{U_L}{I}=\dfrac{U_{Lm}}{I}=\dfrac{u_L}{i}$　　　　　B．$\cos\varphi=\dfrac{R}{Z}=\dfrac{U_R}{U}=\dfrac{P}{S}$

C．$U=U_R+U_L$　　　　　　　　　D．$S=P+Q$

42．下列负载中，功率因数为 1 的是（　　）。

A．电感 L　　　B．电容 C　　　C．电阻 R　　　　D．R、L 串联

43．纯电阻交流电路的功率因数 $\cos\varphi$ 为（　　）。

A．-1　　　B．0　　　C．1　　　D．100

44．如图 5-15 所示交流电路，电阻、电感、电容两端电压均为 200V，则该电路的端电压是（　　）。

A．200V　　　B．$200\sqrt{2}$V　　　C．480V　　　D．600V

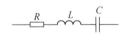

图 5-15　题 44 图

45. 如图 5-16 所示电路，电压表 V_3 的读数为（　　　）。

    A. 120V   B. 240V   C. 0V   D. 160V

46. 如图 5-17 所示电路，虚线框中是含有不同频率的交流电源，为了滤去输出电压中频率为 f_1 的电压，在两点间接入（　　　）。

    A. 一个电阻   B. 一个电容

    C. 频率为 f_1 的串联谐振电路   D. 频率为 f_1 的并联谐振电路

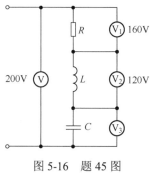

图 5-16　题 45 图   图 5-17　题 46 图

47. 在 RLC 串联正弦交流电路中，以下表达式正确的是（　　　）。

    A. $\Delta\varphi_{ui}=\varphi_z=\arctan\dfrac{U_L-U_C}{U}$ B. $\Delta\varphi_{ui}=\varphi_z=\arctan\dfrac{U_C-U_L}{U_R}$

    C. $\Delta\varphi_{ui}=\varphi_z=\cos^{-1}\dfrac{U_R}{U}$ D. $\Delta\varphi_{ui}=\varphi_z=\arctan^{-1}\dfrac{X_C-X_L}{R}$

48. 在 RLC 串联交流电路中，当电流与总电压同相时，下列关系式正确的是（　　　）。

    A. $\omega L^2 C=1$ B. $\omega^2 LC=1$ C. $\omega LC=1$ D. $\omega=LC$

49. 一台单相电动机的铭牌上写着 $U=220\text{V}$，$I=3\text{A}$，$\cos\varphi=0.8$，则其视在功率 S 和有功功率 P 分别为（　　　）。

    A. 600VA，528W   B. 825VA，660W

    C. 528VA，660W   D. 660VA，528W

50. RLC 串联谐振的条件是（　　　）。

    A. $\omega L=\omega C$ B. $L=C$ C. $\omega L=\dfrac{1}{\omega C}$ D. $C=\dfrac{1}{L}$

51. 已知 $R=X_L=X_C=20\Omega$，则三者串联后的等效阻抗为（　　　）。

    A. 20Ω   B. 28.28Ω   C. 40Ω   D. 60Ω

52. 在 RLC 串联正弦电路中，已知总电压为 5V，电阻 R 两端电压为 4V，电容 C 两端电压为 1V，则电感 L 两端电压为（　　　）。

    A. 0.25V   B. 4V   C. 4V 或 2V   D. 2V

53. 在 RLC 串联交流电路中，当电源频率由低到高变化时，电流会（　　　）。

    A. 逐渐变大   B. 逐渐变小

    C. 大→小→大   D. 小→大→小

54. 一个正弦电路的总电压与总电流同相位，该电路（　　　）。

    A. 为谐振电路   B. 不一定为谐振电路

C．为 RL 串联电路   D．为 RC 并联电路

55．如图 5-18 所示正弦交流电路，已知 U=24V，f=50Hz，R=6Ω，X_L=8Ω，要求开关 S 接通前、后电流表的读数不变，则必须使 X_C 为（   ）。

     A．4Ω   B．10Ω   C．16Ω   D．14Ω

56．如图 5-19 所示电路，已知 R=X_L=X_C，且 A_1 表的读数为 15A，则 A_2 表的读数为（   ）。

     A．$15\sqrt{2}$A   B．15A   C．30A   D．0

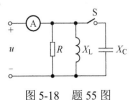

图 5-18   题 55 图

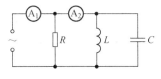

图 5-19   题 56 图

57．在 RLC 并联电路中，激励频率为 f 时发生谐振，频率为 0.8f 时电路为（   ）。

     A．电阻性   B．感性   C．容性   D．纯电阻性

58．理想的 L 与 C 并联电路，在外加电压 u 后发生谐振，则电路总电流 I 为（   ）。

     A．0   B．∞   C．$2\pi f_0 \omega$ D．$\dfrac{U}{2\pi f_0 L}$

59．在 RLC 并联交流电路中，已知 $I_L > I_C$，则（   ）。

     A．$X_L > X_C$ B．$Q_L < Q_C$ C．电路呈感性   D．电路呈容性

60．如图 5-20 所示电路，a、b、c 三灯的亮度相同，当 R_P 的滑动端向下滑时，三灯表现是（   ）。

     A．三灯亮度都增大

     B．三灯亮度都变小

     C．a 灯亮度不变，b 灯亮度变大，c 灯亮度变小

     D．a 灯亮度不变，b 灯亮度变小，c 灯亮度变大

61．在感性负载的两端并联适当电容可以（   ）。

     A．提高负载的功率因数   B．减小负载电流

     C．提高线路的功率因数   D．减小负载的有功功率

62．如图 5-21 所示电路发生谐振时，A_0 和 A_1 的读数分别为 18A、30A，则此时 A_2 的读数为（   ）。

     A．48A   B．54A   C．24A   D．12A

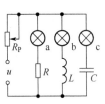

图 5-20   题 60 图

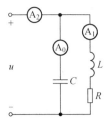

图 5-21   题 62 图

63．某发电站以 22kV 的高压给负载提供 $4.4×10^4$kW 的电力，若输电线路的总电阻为 10Ω，则电路的功率因数由 $\cos\varphi=0.5$ 提高到 $\cos\varphi=0.8$ 时，输电线上一天少损失电能（   ）kWh。

    A．$1.25×10^6$　　　　B．$2.34×10^6$　　　　C．$3.85×10^6$　　　　D．$4.13×10^6$

64．已知感性负载（RL 串联）的额定参数是功率 $P=132$W，工频电压 $U=220$V，电流 $I=1$A，若把电路功率因数提高到 0.95 时，应并联的电容 C 为（   ）。

    A．7.6μF　　　　　　B．9.5μF　　　　　　C．8.7μF　　　　　　D．6.8μF

65．提高功率因数的好处有（   ），感性负载怎样提高功率因数（   ）。

    A．降低供电设备的利用率　　　　　　B．在感性负载两端并联适当电容

    C．降低输电线路的损耗　　　　　　　D．在感性负载上串联适当电容

66．日光灯的消耗功率 $P=UI\cos\varphi$，并联适当电容器后，使电路的功率因数提高，则日光灯的消耗功率将（   ）。

    A．增大　　　　　　B．减小　　　　　　C．不变　　　　　　D．不能确定

67．在感性负载两端并联适当容量的电容器提高的是（   ）。

    A．负载的功率因数　　　　　　　　　B．电路的功率因数

    C．负载和电路的功率因数

68．已知示波器的波形如图 5-22 所示，其垂直挡位为 0.5V/div，水平挡位为 5ms/div，则波形的峰值和频率读数为（   ）。

    A．0.5V，100Hz　　　　　　　　　　B．2V，50Hz

    C．1V，50Hz　　　　　　　　　　　 D．1V，100Hz

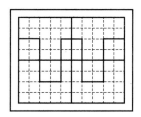

图 5-22　题 68 图

四、计算题

1．已知 $u_1 = 10\sqrt{2}\sin(100\pi t + 60°)$V，$u_2 = 10\sqrt{2}\sin(100\pi t + 30°)$V，试求这两个电压的和 $u = u_1 + u_2$。

2．让 $I=20$A 的直流电流与 $i = 20\sin(\omega t + 30°)$A 的交流电流分别通过相同阻值的电阻，在同一时间内，哪个电流产生的热量大？为什么？当交流电 i 为何值时，才能使两电流在同一时间内所产生的热量相等。

3．图 5-23 所示电路中的电流均为 $i = \sqrt{2}\sin(1000t + 30°)$A 。

（1）写出电路中电压 u_R、u_L、u_C 的解析式；

（2）画出各电路中电压和电流的相量图。

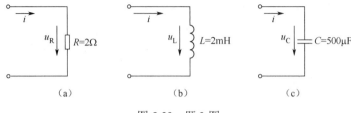

（a）　　　　　　（b）　　　　　　（c）

图 5-23　题 3 图

4．如图 5-24 所示电路，交流电源电压 $u = 70.7\sqrt{2}\sin(314t - 30°)$V，$C$=10μF，求电路中电流 i 的瞬时值表达式，并画出电压、电流相量图。

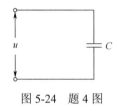

图 5-24　题 4 图

5．在日光灯实验中，用交流电压表测得各部电压值为：电路端电压 U=220V，灯管两端电压 U_1=110V，镇流器两端电压 U_2=190V。请简要说明为什么 $U_1+U_2>U$。

6．一个无源二端网络 M，其端口电压和电流的波形如图 5-25 所示。试求：

（1）该网络的等效阻抗 Z；

（2）电压、电流的瞬时值表达式；

（3）该等效阻抗的性质如何？

（4）网络吸收的平均功率 P 为多少？

（5）作出电流、电压有效值的相量图。

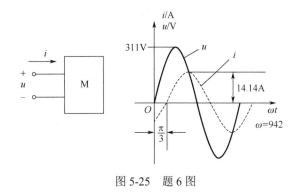

图 5-25　题 6 图

7．如图 5-26 所示电路，L=0.6H，R=251.2Ω，u_i 为 50Hz 正弦交流电，其幅值为 311V。

（1）求电流 i 及电压 u_L、u_2 的有效值；

（2）以 u_i 为参考量，写出 i、u_L 及 u_2 的解析式；

（3）画出电压、电流相量图。

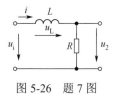

图 5-26　题 7 图

8．用电压表和电流表测量某电感线圈的电阻 R 及电感 L，当接上 36V 的直流电源时，测得流过线圈的电流为 0.06A，当接上 220V、50Hz 的交流电源时，测得流过线圈的电流为 0.22A，求线圈的电阻 R 及电感 L。

9. 如图 5-27 所示电路，$R=12\Omega$，$L=15.9\text{mH}$，电压 $u=130\sqrt{2}\sin314t\text{V}$，试求：

（1）电流 I，电压 U_R、U_L；

（2）电路消耗的功率 P、Q、S 及功率因数 $\cos\varphi$。

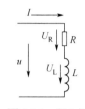

图 5-27　题 9 图

10. 如图 5-28 所示电路，已知 $R_1=20\Omega$，$R_2=20\Omega$，电路总功率 $P=160\text{W}$，$\cos\varphi_{BC}=0.707$，$f=50\text{Hz}$。求：I、L、U_{AB}、U_{BC}，并画出 $\dot{U}_{AB}$、$\dot{U}_{BC}$、$\dot{I}$ 的相量图。

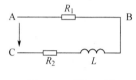

图 5-28　题 10 图

11. 实验室利用功率表、交流电压表、交流电流表测量一个线圈的参数。现测出功率表读数为 940W，电压表读数为 220V，电流表读数为 5A，已知 $f=50\text{Hz}$，试求线圈的 R 和 L 的数值。

12. 为了降低小功率单相电动机的转速，可用降低电动机端电压的方法，为此在电路中串联一个电感，如图 5-29 所示，现已知 $f=50\text{Hz}$，电动机 $R=190\Omega$，$X_L=260\Omega$，电源电压为 220V，要求电动机端电压为 180V，求 L_1 的值。

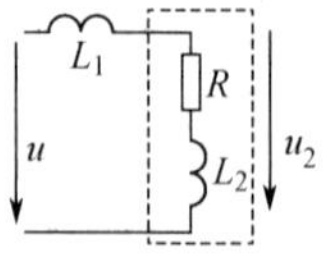

图 5-29　题 12 图

13. 在图 5-30 所示电路中，输入电压有效值为 4V，频率为 1kHz，电容 $C=4\mu F$，电阻 $R=30\Omega$。

（1）输入电压 U_i 与输出电压 U_o 的比值；

（2）u_i 与 u_o 的相位差。

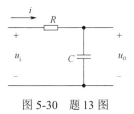

图 5-30　题 13 图

14. RLC 串联电路接工频电压 220V，通过电流为 4A，已知 $R=30\Omega$，$C=40\mu F$，求电感 L。

15. 如图 5-31 所示 RLC 串联电路，已知 $u=10\sqrt{2}\sin(\omega t+30°)\text{V}$，$R=10\Omega$，$X_L=15\Omega$，$X_C=5\Omega$，求：

（1）电路的阻抗 Z 和阻抗角 φ；

（2）电流 I；

（3）各元件两端电压 U_R、U_L、U_C；

（4）画出电流、电压相量图。（要标明角度）

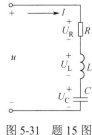

图 5-31　题 15 图

16. 已知由 $R=40\Omega$，$L=223\text{mH}$，$C=80\mu F$ 组成的串联电路接在 $u=220\sqrt{2}\sin(314t-60°)\text{V}$ 的电源上。求：

（1）电路的阻抗；

（2）i、u_R、u_L、u_C；

（3）P、Q、S、$\cos\varphi$；

（4）电路性质；

（5）画出各电压、电流相量图。

17．在 RLC 串联交流电路中，已知 $R=300\Omega$，$X_L=400\Omega$，$X_C=800\Omega$。电源电压 $u = 220\sqrt{2}\sin 314t\,\text{V}$，试求：

（1）电路中电流 I；

（2）元件端电压 U_R、U_L、U_C；

（3）电路中平均功率 P、无功功率 Q 和视在功率 S。

（4）电路性质。

18．如图 5-32 所示电路，交流电源电压有效值 $U=80\text{V}$，$R_1=3\Omega$，$R_2=1\Omega$，$X_1=5\Omega$，$X_2=2\Omega$，$X_3=2\Omega$，$X_4=1\Omega$，求电路中 A、C 两点间的电压 U_{AC} 为多少？

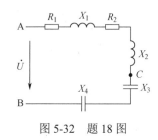

图 5-32　题 18 图

19．一个线圈和一个电容器相串联。已知线圈的电阻 $R=400\Omega$，$L=2.55\text{H}$，电容 $C=6.37\mu\text{F}$，外加电压 $u = 311\sin(100\pi t + \dfrac{\pi}{4})\text{V}$。试求：

（1）电路的阻抗；

（2）电流有效值及瞬时值表达式；

（3）有功功率、无功功率和视在功率。

20．如图 5-33 所示电路，端口电压 $\dot{U} = 220\angle36.9°V$，$f$=50Hz，$R$=40Ω，$L$=223mH，$C$=80μF。求：$u_R$、$u_L$、$u_C$。

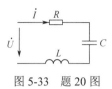

图 5-33　题 20 图

21．如图 5-34 所示电路是某国产电视机电路中用来吸收邻近频道信号的吸收电路（即利用它在谐振时呈现的低阻抗使邻近频道信号不能进入中放电路）。已知 $C_1=C_2$=6.2pF，要求吸收的信号频率为 35.75MHz，求可调电感 L 的取值。

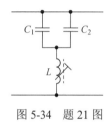

图 5-34　题 21 图

22．一收音机调谐电路线圈电感 L=0.34mH，试计算收听 530kHz 广播时，调谐电容的容量为多大？

23．在 RLC 串联电路中，当电路的端电压为 $u = 10\sqrt{2}\sin(10^5 t + 30°)V$ 时，电路的消耗功率 P=0.5W，当电路的端电压为 $u = 10\sqrt{2}\sin(\dfrac{10^5}{\sqrt{2}}t + 30°)V$ 时，电路发生谐振，电路的消耗功率 P=1W，试求：电路参数 R、L、C 和电路的品质因数 Q。

24. 将一个 RLC 串联电路接到有效值为 10V 的正弦交流电路上，电源的频率可以调整。当电源频率为 f_1=50Hz 和 f_3=100Hz 时，电路的电流都是 $\sqrt{2}$ A。电源的频率为 f_2 时，电路的电流最大为 2A。试求电路的参数 R、L、C 及频率 f_2。

25. 在 RLC 串联谐振回路中，已知电感 L=40μH，电容 C=40pF，电路的品质因数 Q=60，谐振时电路中的电流为 0.06A。求该谐振回路的：
（1）谐振频率；
（2）电路端电压；
（3）电感和电容两端的电压。

26. 在 RLC 串联电路中，将电路的端电压 U=1V 保持不变，调节电源的频率，使其发生谐振，谐振频率 f_0=100kHz，电路中电流 I_0=100mA，当电源频率改变到 f=99kHz 时，电流 I=70.7mA，试求：电路参数 R、L、C 和电路的品质因数 Q。

27. 如图 5-35 所示电路，试求：
（1）i、i_1、i_2 的解析式；
（2）作 $\dot{I}$、$\dot{I}_1$、$\dot{I}_2$ 相量图。

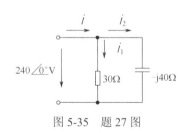

图 5-35 题 27 图

28. 如图 5-36 所示电路，已知电阻支路电流表读数 I_1=8A，电感支路电流表读数 I_2=18A，总电流表读数 I=10A，求电容支路中电流表的读数。

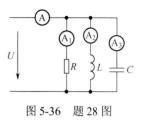

图 5-36 题 28 图

29. 如图 5-37 所示为晶体管选频放大器的交流等效电路，已知电路的谐振角频率为 ω_0=3.33×10^{6}rad/s，C=600pF，放大器的输出阻抗为 $|Z|$=25kΩ，为了使谐振电路与放大电路匹配，求线圈的参数及电路的品质因数。

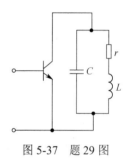

图 5-37 题 29 图

30. 如图 5-38 所示为一个 R、L、C 混联交流电路。已知端口交流电压有效值 U=100V，$\Delta\varphi_{ui}$=0，I_1=I_2=10A。试求：

（1）电路中总电流 I；

（2）电路参数 R、X_L、X_C 各为多少？

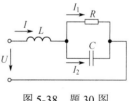

图 5-38 题 30 图

31. 在图 5-39 所示正弦交流电路中，已知电流 I_1=I_2=1A，电压 U=10V，且电压与电流同相，求电路的总电流 I、电阻 R、感抗 X_L 和容抗 X_C。

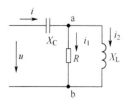

图 5-39 题 31 图

32．在 RL-C 并联电路中，电感为 0.1mH，电阻为 100kΩ，电容为 100pF，外加电源的电动势有效值为 10V，电源的内阻为 100kΩ。求：

（1）谐振频率；

（2）谐振电流和各支路电流；

（3）回路两端电压；

（4）回路吸收的功率。

33．在图 5-40 所示电路中，$u = 220\sqrt{2}\sin 314t\text{V}$，$R=3\Omega$，$X_L=4\Omega$，$X_C=10\Omega$，求：

（1）整个电路性质；

（2）i_1、i_2、i 和 P；

（3）画出电压与电流的相量图。

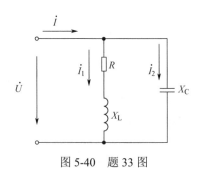

图 5-40　题 33 图

34．如图 5-41 所示电路，已知 u 的有效值为 6V，$R=2\Omega$，$X_C=1\Omega$，$X_L=3\Omega$。

（1）请画出该电路中的电压 u、u_L、u_C 和电流 i、i_1、i_2 的相量图并标明各数值的大小；

（2）说明 u、i 的相位关系。

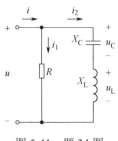

图 5-41　题 34 图

35．如图 5-42 所示电路，已知 $R=X_C=X_L=100\Omega$，$U_R=10$V，求电流源的有效值 I_S，并画出各电流、电压的相量图（以 u_R 为参考相量）。

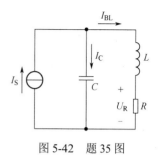

图 5-42　题 35 图

36．有一个 40W 的日光灯，使用时灯管与镇流器（可近似把镇流器看作纯电感）串联在电压为 220V，频率为 50Hz 的电源上，已知灯管工作时属纯电阻负载，灯管两端的电压等于 110V。试求：

（1）镇流器的感抗和电感，这时的电路功率因数等于多少？

（2）若将功率因数提高到 0.8，则应并联多大的电容。

37．如图 5-43 所示电路，已知 $I_2=4$A，$R=24\Omega$，$X_L=6\Omega$，$X_C=8\Omega$。试求：

（1）电路的总电压 U；

（2）电路的有功功率 P，无功功率 Q；

（3）以 $\dot{U}_C$ 为参考量，画出各支路电压、电流和电路总电压、总电流的相量图。

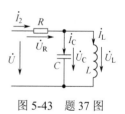

图 5-43　题 37 图

38．日光灯电路等效为 $R=300\Omega$，$X_L=446\Omega$ 相串联的电路，$u=220\sqrt{2}\sin(314t+\dfrac{\pi}{6})$V，为了提高日光灯电路的功率因数，在日光灯电路两端并联一个 $C=4.75\mu$F 的电容，求并联电容后整个电路的功率因数 $\cos\varphi$，以及并联电容前和并联电容后的功率。

39．如图 5-44 所示电路，已知 $R=20\Omega$，$L=0.5H$，$C=14\mu F$，电源频率为 50Hz，电容支路电流 $I_C=0.968A$，求：

（1）电路的总电压 U；

（2）电路的有功功率 P 和无功功率 Q；

（3）RL 支路的功率因数 $\cos\varphi_1$ 和整个电路的功率因数 $\cos\varphi$；

（4）电路的总电流 I。

图 5-44　题 39 图

40．如图 5-45 所示电路：

（1）若给感性负载 R_1L 支路并联一个电阻 R_2，也能使电路的功率因数提高，为什么？

（2）既然也能使电路的功率因数提高，为什么不采用上述方法提高功率因数？

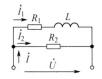

图 5-45　题 40 图

41．日光灯的功率为 40W，功率因数为 0.6，要将功率因数提高到 0.9，需并联多大的电容器，并求并联电容器前、后的电流大小。

42．在图 5-46 所示正弦交流电路中，$R=6\Omega$，$X_L=8\Omega$，电感支路电流 $I_{RL}=10A$，电路的功率因数 $\cos\varphi=1$，试求电容电流 I_C 和总电流 I。

图 5-46　题 42 图

43. 在图 5-47 所示电路中，已知 $u = 220\sqrt{2}\sin 314t$ V，R_1=10Ω，R_2=$5\sqrt{3}$Ω，X_{L1}=$10\sqrt{3}$Ω，X_{L2}=5Ω，求：

（1）电流表的读数；

（2）电路的功率因数。

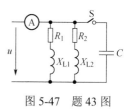

图 5-47　题 43 图

五、综合题

1．从双踪示波器荧光屏上观察到两个同频率的交流电压的波形如图 5-48 所示：

（1）写出它们的瞬时值表达式；

（2）两个电压之间的相位差是多少？

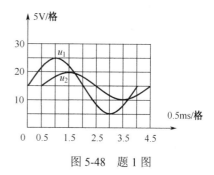

图 5-48　题 1 图

2．如图 5-49 所示电路，已知 $u = 10\sin t$ V，$i = 5\sin t$ A，L=1H，R=4Ω，方框内是两个元件组成的并联电路，求框内两个元件的参数。

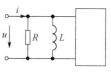

图 5-49　题 2 图

3. 如图 5-50 所示为在一次实验中,将一个微型电动机与电流表串联到 6V 直流电源上,闭合开关后,电动机不转,电流表示数为 5A,检查发现是电机轴齿轮被卡住了,排除故障后,让电动机带动轻负载转动,此时电流表示数为 1A,则这时电动机的输出功率为多少?

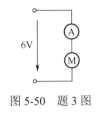

图 5-50 题 3 图

4. 某线性无源二端网络的端口电压和电流分别为 $\dot{U} = 220\angle 65°\text{V}$,$\dot{I} = 10\angle 35°\text{A}$,频率为 50Hz,电压、电流取关联参考方向。

(1) 求等效阻抗及等效参数 R、L,并画出等效电路图;

(2) 判断电路的性质。

5. 如图 5-51 所示电路,已知电流表 A₁、A₂ 的读数分别为 10A 和 20A,cosφ_1=0.8(φ_1<0),cosφ_2=0.5(φ_2>0),电源电压 $u = 100\sqrt{2}\sin\omega t\text{V}$。求:

(1) 电流表 A 和功率表 W 的读数;

(2) 若电源额定电流为 30A,则还能并联多大的电阻 R,以及这时电流表 A 和功率表 W 的读数。

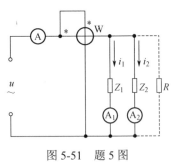

图 5-51 题 5 图

正弦交流电路单元测试（C）卷

时量：90 分钟　　总分：100 分　　难度等级：【高】

一、填空题（每空 2 分，共计 30 分）

1. 两个同频率正弦量的相位差 $\varphi = 0°$ 时，称两个正弦量的相位_____；$\varphi = \pm\pi$ 时，称两个正弦量的相位_____；$\varphi = \pm\dfrac{\pi}{2}$ 时，称两个正弦量_____。

2. 正弦交流电压 $u=141.4\sin(314t+\dfrac{\pi}{6})\text{V}$，它的平均值为_____V，初相位为_____；当 $t=0.05\text{s}$ 时，相位为_____，$u_{(t)}=$_____V。

3. 如图 5C-1 所示电路，已知电压 $U_1=16\text{V}$、$U_2=32\text{V}$、$U_3=20\text{V}$，则电压 $U_4=$_____V、$U=$_____V。

4. 如图 5C-2 所示电路，输入电压 $U_S=1\text{V}$，频率 $f=1\text{MHz}$，调节电容 C 使电流表的读数最大为 100mA，这时电压表的读数为 100V，则电感两端的电压为_____，电路的品质因数为_____，电阻 $R=$_____，电路的通频带 BW=_____。

5. 如图 5C-3 所示电路，已知电源电压为 10V，若电流表 A_2 的读数为 0，电流表 A_3 的读数为 5A，则电流表 A_1 的读数为_____A，电流表 A_4 的读数为_____A。

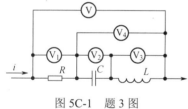

图 5C-1　题 3 图

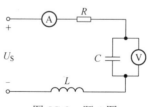

图 5C-2　题 4 图

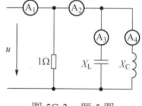

图 5C-3　题 5 图

二、判断题（每小题 1 分，共计 10 分）

题号	1	2	3	4	5	6	7	8	9	10
答案										

1. 在 RLC 串联电路中，电阻与感抗的差值越大，其品质因数越高。

2. 旋转相量某时刻在纵轴上的投影，等于该时刻正弦量的瞬时值。

3. 提高了线路的功率因数，会降低线路上的能量损耗。

4. 并联谐振电路常作为收音机和电视机的中频选频电路。

5. 在纯电阻电路中，电流所做的功与它产生的热量应该是相等的。

6. 交流并联电路的电流三角形，导纳三角形和功率三角形都是相似三角形。

7. 线圈与电容并联的交流电路，其谐振时的品质因数 $Q=R/X_L$。

8. 感性负载并联适当电容器后，线路的总电流减小，无功功率也将减小。

9. 对于不同频率的正弦量，可以根据其相量图来比较相位关系和计算。

10. 在 RLC 串联电路中，容抗和感抗的数值越大，电路中电流就越小。

三、单项选择题（每小题 2 分，共计 20 分）

1. 已知正弦电压 u 的波形如图 5C-4 所示，则其正确的瞬时值表达式是（　　）。

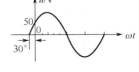

图 5C-4　题 1 图

   A．$u = 50\sin(\omega t - 30°)$V

   B．$u = 50\sin(\omega t + 30°)$V

   C．$u = 100\sin(\omega t - 30°)$V

   D．$u = 100\sin(\omega t + 30°)$V

2. 已知电路中某元件的电压和电流分别为 $u = 10\sin(314t - 60°)$V，$i = -2\sin(314t + 60°)$A，则元件的性质是（　　）。

   A．电感性元件　　B．电容性元件　　C．电阻性元件　　D．纯电感元件

3. 白炽灯与电感组成的串联电路中，已知 $L = \dfrac{1}{\pi}$H，若交流电源的三要素中，仅电源的有效值由 $220\sqrt{2}$ 变为 $220\sqrt{5}$，频率由 50Hz 变为 100Hz，若视白炽灯为纯电阻，且 $R=100\Omega$，则下列说法正确的是（　　）。

   A．白炽灯的亮度变亮　　　　　　B．白炽灯的亮度变暗

   C．白炽灯的亮度变化无法确定　　D．白炽灯的亮度不变

4. 如图 5C-5（a）所示正弦交流电路中 $X_L > X_C$，则图 5C-5（b）中所列表示此电路电流与各电压关系的相量图中，正确的是（　　）。

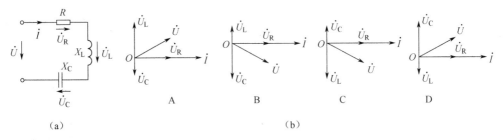

（a）　　　　　　　　　　　　　　　　　　　　　（b）

图 5C-5　题 4 图

5. 关于谐振电路，下列说法正确的是（　　）。

   A．谐振时，电源与电路发生能量转换

   B．谐振时，电路中的电阻消耗的能量为零

   C．品质因数 Q 越高越好，其通频带越宽，选择性越好

   D．品质因数 Q 与电感系数 L 成正比

6. 若 Q_L 和 Q_C 分别为电路中电感和电容产生的无功功率，则该电路总的无功功率 Q 可表示为（   ）。

    A．$Q=|Q_C|-|Q_L|$ B．$Q=Q_L-Q_C$ C．$Q=|Q_L|-|Q_C|$ D．$Q=Q_L+Q_C$

7. 如图 5C-6 所示电路，在开关 S 断开时，谐振频率为 f_0，在开关 S 合上后，电路的谐振频率为（   ）。

    A．$2f_0$ B．$\dfrac{1}{2}f_0$ C．f_0 D．$\dfrac{1}{4}f_0$

8. 在图 5C-7 所示的交流电路中，各表读数如图所示，则 V_4 的读数为（   ）。

    A．5V   B．4V   C．14V   D．8V

9. 如图 5C-8 所示正弦交流电路中，若 $U=U_1+U_2$，则 R_1、C_1、R_2、C_2 之间应满足关系（   ）。

    A．$C_1=C_2$，$R_1\neq R_2$ B．$R_1C_1=R_2C_2$ C．$R_1C_2=R_2C_1$ D．$R_1=R_2$，$C_1\neq C_2$

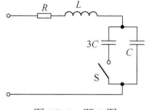 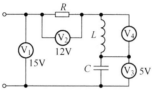 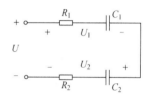

图 5C-6　题 7 图   图 5C-7　题 8 图   图 5C-8　题 9 图

10. 如图 5C-9 所示的电路中，电流表 A_1、A_2、A_3 的读数均为 2A，则各电路中的总电流最小的是（   ）。

    A．图（a）   B．图（b）   C．图（c）   D．图（d）

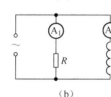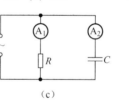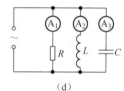

图 5C-9　题 10 图

四、计算题（30 分）

1. 如图 5C-10 所示为一测定线圈参数的电路，已知串联附加电阻 $R_1=15\Omega$，电源频率 $f=50$Hz，电压表读数为 200V，电流表读数为 5A，功率表读数为 500W，求被测线圈的内阻 r 和电感 L。（10 分）

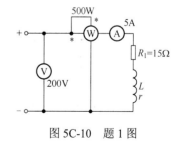

图 5C-10　题 1 图

2．如图 5C-11 所示电路，已知 $R=100\Omega$，$f=50$Hz，要使 U_1 和 U_2 间相位差为 60°，则 C 应为多大？（10 分）

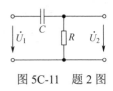

图 5C-11　题 2 图

3．某供电线路及负载的等效电路如图 5C-12 所示。已知负载等效电阻 $R_Z=10\Omega$，等效感抗 $X_Z=10\Omega$，线路的电阻 $R_L=1\Omega$、感抗 $X_L=1\Omega$，求：

（1）保证电压 $U_Z=220$V 时的电源电压 U 和线路压降 U_L；（4 分）

（2）负载有功功率 P_Z 和线路的功率损耗 P_L；（4 分）

（3）电路的总功率因数 $\cos\varphi$。（2 分）

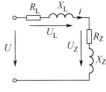

图 5C-12　题 3 图

五、综合题（10 分）

如图 5C-13 所示电路：

（1）若要滤去输入信号源中频率为 f_0 的信号电压，则在 a、b 两点间应接入怎样的谐振电路？（5 分）

（2）若要在输入信号源中选出频率为 f_0 的信号电压，则在 a、b 两点间应接入怎样的谐振电路？（5 分）

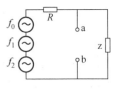

图 5C-13　综合题图

正弦交流电路单元测试（D）卷

时量：90 分钟　　　总分：100 分　　　难度等级：【中】

一、填空题（每空 2 分，共计 30 分）

1. 在纯电阻电路中，电流较电压_____（"超前 $\pi/2$"、"同相"、"滞后 $\pi/2$"）电压与电流的最大值、有效值之间_____（"服从"、"不服从"）欧姆定律，电压与电流的瞬时值之间_____（"服从"、"不服从"）欧姆定律。交流电通过电阻时，电阻消耗电能，电流做功的功率叫_____。

2. 将一个电感性负载接在 f=50Hz 交流电源上，已知 U=100V，I=10A，消耗功率 P=600W，则电路的功率因数 $\cos\varphi$ =_____，负载的电阻 R=_____ Ω，电感 L=_____H。

3. 在单相正弦交流电路中，已知某负载两端电压为 $u = 4\sin(314t + 30°)\text{V}$，流过的电流为 $i = 2\sin(314t + 60°)\text{A}$，则此负载的阻抗为_____，有功功率为_____，无功功率为_____。

4. 如图 5D-1 所示电路中：

总有功功率　　　　P=_____W；
电感总无功功率　Q_L=_____var；
电容总无功功率　Q_C=_____var；
电路总无功功率　Q=_____var；
电路总视在功率　S=_____VA。

图 5D-1　题 4 图

二、判断题（每小题 1 分，共计 10 分）

题号	1	2	3	4	5	6	7	8	9	10
答案										

1. 电容器的耐压值为 220V，所以可以接在有效值为 220V 的正弦交流电中正常工作。

2. 在各种纯电路中，电压与电流瞬时值的关系均符合欧姆定律。

3. 正弦交流电的三要素是指：有效值、频率、周期。

4. 当 $X_L > X_C$ 时，$X < 0$，此总电压超前电流，电路呈感性。

5. 在 RLC 串联电路中，若 $X_L < X_C$，则该电路为电容性电路。

6. 只要是正弦量就能用旋转矢量进行加减运算。

7. 只有正弦量才能用相量表示。

8. 纯电阻电路中电流、电压的瞬时值服从欧姆定律。

9．两个频率相同的正弦交流电，其周期一定相等。

10．在纯电阻交流电路中，电压和电流的相位差为零。

三、单项选择题（每小题 2 分，共计 20 分）

1．具有隔直流和分离各种频率能力的元件是（　　）。

    A．电阻器   B．电感器   C．电容器   D．变压器

2．正弦电压 $u = U_m \sin(\omega t + \frac{\pi}{6})$V，当 $t=0$ 时，$u=200$V；当 $t = \frac{1}{300}$s 时，$u=400$V，则此电压的频率 f 等于（　　）。

    A．100Hz   B．50Hz   C．75Hz   D．25Hz

3．提高功率因数的目的是（　　）。

    A．增加电动机的输出功率   B．减小无功功率，提高电源利用率

    C．提高电动机的效率   D．降低电气设备的损坏率

4．元件接在交流电压两端后，吸收的 $P=2$W，$Q=-1$var，则该元件可能是（　　）。

    A．电阻元件   B．电阻电容并联元件

    C．电阻电感串联元件   D．电阻电感并联元件

5．如图 5D-2 所示 RLC 串联电路，当电路两端加上频率为 f 的交流电压时，电路发生谐振现象，如果保持交流电压频率不变，将开关 S 打开，电路将呈（　　）性质。

    A．感性   B．容性   C．阻性   D．无法确定

6．如图 5D-3 所示正弦交流电路，已知 V_1、V_3、V_4 的读数分别为 2.0V、7.5V、2.5V，则 V_2 读数为（　　）。

    A．12V   B．29V   C．6.0V   D．3V

7．如图 5D-4 所示二端网络，在端口加电压 $u = 2\sqrt{2}\sin(314t + 30°)$V，产生的电流 $i = \sqrt{2}\sin(914t - 30°)$A，此二端网络的性质是（　　）。

    A．阻性   B．感性   C．容性   D．无法确定

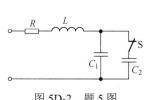
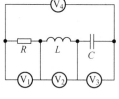
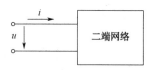

图 5D-2　题 5 图   图 5D-3　题 6 图   图 5D-4　题 7 图

8．如图 5D-5 所示正弦电路，已知 V、V_1 的读数分别为 25V、20V，则 V_2 的读数应为（　　）。

    A．0V   B．5V   C．15V   D．45V

9．如图 5D-6 所示电路，两条支路的电流 I_C、I_L 均为 5A，若忽略电感中的电阻不计，总电流 I 应为（　　）。

    A．5A   B．10A   C．2.5A   D．0A

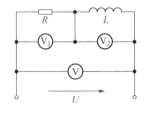

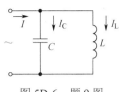

图 5D-5　题 8 图　　　　　　　　　图 5D-6　题 9 图

10．关于谐振电路，下列说法正确的是（　　　）。

 A．谐振时，电源与电路不发生能量转换

 B．谐振时，电路中的电阻消耗的能量为零

 C．品质因数 Q 越高越好，其通频带越宽，选择性越好

 D．通频带 BW 与电感系数 L 成正比

四、计算题（30 分）

1．无源二端网络电路中的电压和电流随时间按正弦规律变化，如图 5D-7（b）所示，已知电压有效值 U=70.7V，电流最大值 I_m=10A，试分析确定图 5D-7（a）所示方框内电路等效元件的性质及参数大小。（10 分）

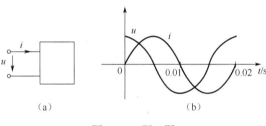

图 5D-7　题 1 图

2．如图 5D-8 所示电路，R=40Ω，X_L=30Ω，$u = 2\sqrt{2}\sin(1000t + 30°)\text{V}$，求：

（1）当开关 S 闭合后，试求 I；（5 分）

（2）当开关 S 打开时，发生了谐振，则 C 为多大？（5 分）

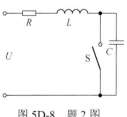

图 5D-8　题 2 图

3．如图 5D-9 所示电路，$u = 220\sqrt{2}\sin314t\,V$，$R=25\Omega$，$X_L=50\Omega$，$X_C=20\Omega$。（10 分）

（1）求电流 I 及功率因数 $\cos\varphi$；（4 分）

（2）若 R、L、C 的值及电压有效值不变，调节电源频率使电路谐振，求谐振电路中的电流 I_0 及 f_0。（6 分）

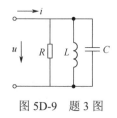

图 5D-9　题 3 图

五、综合题（10 分）

某家庭在其小房间内安装有：40W 日光灯一盏、25W 白炽灯一盏、三孔插座一个，如图 5D-10 所示。（1）请完成线路连接；（2）若该用户每天日光灯用两小时，白炽灯用四小时，一个月（按 30 天计）该房间要用多少度电？（3）若该用户想在床头安装一盏 12V/0.1W 的指示灯（纯电阻）。问需串联一只多大的分压电阻？（电源电压有效值为 220V）（10 分）

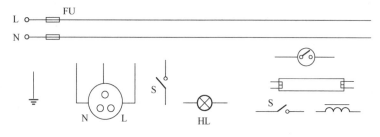

图 5D-10　综合题图

正弦交流电路单元测试（E）卷

时量：90 分钟　　总分：100 分　　难度等级：【高】

一、填空题（每空 2 分，共计 30 分）

1. 在 220V 正弦交流电路中，必须选用耐压值为_____V 以上的电容器。

2. 在 RLC 串联单相正弦交流电路中，$R=20\Omega$，$L=0.25$mH，$C=40$pF，则此电路的谐振角频率为_____rad/s。

3. 在正弦交流电路中，电源的频率越高，电感元件的感抗越_____。

4. 已知正弦电压的有效值为 200V，频率为 100Hz，初相角为–45°，则其瞬时值表达式 $u=$_____。

5. 如图 5E-1 所示为双踪示波器 u_1 与 u_2 的波形，面板开关选择 Y 轴：2V/格，探头无衰减；X 轴：1ms/格，则 u_1 的周期是_____，若 u_2 的初相为 0°，则 u_2 的解析式为_____V。

6. 在 R、Z 交流并联电路中，已知 $I_R=10$A，$I_Z=10$A，则线路电流 I 最大为_____A，此时 Z 的性质为_____。

7. 在电感线圈与电容器并联电路中，线圈参数为 $R=10\Omega$，$L=0.5$H，电容 $C=47\mu$F，若要发生谐振，谐振频率为_____Hz，谐振时阻抗为_____。

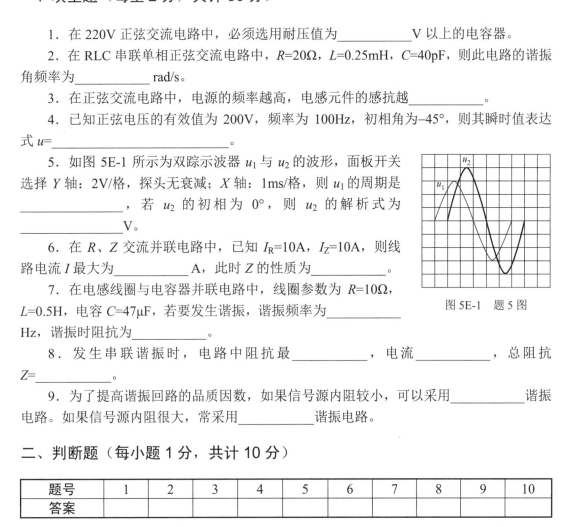

图 5E-1　题 5 图

8. 发生串联谐振时，电路中阻抗最_____，电流_____，总阻抗 $Z=$_____。

9. 为了提高谐振回路的品质因数，如果信号源内阻较小，可以采用_____谐振电路。如果信号源内阻很大，常采用_____谐振电路。

二、判断题（每小题 1 分，共计 10 分）

题号	1	2	3	4	5	6	7	8	9	10
答案										

1. 电流 $i = 2.828\sin(314t - 60°)$A 的有效值为 2A。

2. 谐振电路的品质因数 Q 值越高，选择性越好，通频带越宽。

3. 交流电压为 380V，是指电压的最大值。

4. 在纯电容电路中，欧姆定律可表达为 $I=U\omega C$。

5. 在 RC 串联交流电路中，$R=10\Omega$，$X_C=17.3\Omega$，则该电路端的电压滞后于电流 60°。

6．RLC 串联电路如果发生谐振，R 两端的电压将大于电源电压。

7．电路有功功率 P，无功功率 Q 和视在功率 S 之间的关系是 $S=P+Q$。

8．感抗 $X_L=2\pi fL$ 只适用于正弦交流电的计算。

9．在单相交流电路中的电感线圈两端并联一电容后，电路一定为感性。

10．若误用万用表的交流电压挡测量直流电压，显示的结果会偏大。

三、单项选择题（每小题 2 分，共计 20 分）

1．如图 5E-2 所示，可知此电路的性质是（　　）。
　　A．电感性　　　　B．电容性　　　　C．电阻性　　　　D．无法确定

2．通过电感 L 的电流为 $i_L = 6\sqrt{2}\sin(200t+30°)A$，此电感的端电压 $U_L=2.4V$，则电感 L 为（　　）。
　　A．$\sqrt{2}$ mH　　　B．2mH　　　　C．8mH　　　　D．400mH

3．在 RLC 串联电路中，下列情况中属于电感性电路的只有（　　）。
　　A．$R=4\Omega$，$X_L=3\Omega$，$X_C=2\Omega$　　　　B．$R=4\Omega$，$X_L=1\Omega$，$X_C=2\Omega$
　　C．$R=4\Omega$，$X_L=3\Omega$，$X_C=3\Omega$　　　　D．$R=3\Omega$，$X_L=2\Omega$，$X_C=4\Omega$

4．一交流电动机的额定电压为 10V，电流为 1A，功率为 8W，则无功功率为（　　）。
　　A．2var　　　　B．6var　　　　C．10var　　　　D．8var

5．如图 5E-3 所示，电压表 V_3 的读数为（　　）。
　　A．60V　　　　B．100V　　　　C．0V　　　　D．80V

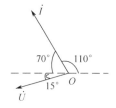

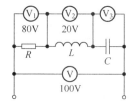

图 5E-2　题 1 图　　　　　　　图 5E-3　题 5 图

6．如图 5E-4 所示电路正处于谐振状态，闭合开关 S 后，电压表 V 的读数将（　　）。
　　A．增大　　　　B．减小　　　　C．不变　　　　D．无法确定

7．如图 5E-5 所示电路，A_1 读数为 10A，A_2 读数为 8A，则 A 的读数可能是（　　）。
　　A．18A　　　　B．2A　　　　C．6A　　　　D．不确定

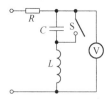

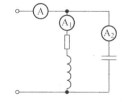

图 5E-4　题 6 图　　　　　　　图 5E-5　题 7 图

8. 在电源电压不变时，给 RL 串联电路再并联一电容后，电路仍呈感性，下列说法正确的是（　　）。

    A．电路中有功功率增加，无功功率减少

    B．电路中无功功率增加，有功功率不变

    C．电路总电流减小，有功功率不变，视在功率减少，但电阻、电感串联电路电流不变

    D．电路中无功功率增加，有功功率减少

9. 在图 5E-6 所示正弦交流电路中（$X_L \neq X_C$），电流 i 与电压 u 的相位关系是（　　）。

    A．同相   B．相差 90°   C．相差 120°   D．反相

10. 在图 5E-7 所示交流电路中，已知 $X_L > X_{C2}$，电流有效值 $I_1 = 4A$，$I_2 = 3A$，则总电流有效值为（　　）。

    A．−1A   B．7A   C．5A   D．1A

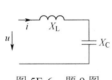

图 5E-6　题 9 图   图 5E-7　题 10 图

四、计算题（30 分）

1. 已知 $u_1 = 100\sin(314t + \dfrac{\pi}{3})$V，$u_2 = 100\sin(314t - \dfrac{\pi}{3})$V，试用相量图法求正弦交流电压的和（$u_1 + u_2$）与差（$u_1 - u_2$），并写出其瞬时值表达式。（保留作图痕迹）（10 分）

2. 将某个既有电阻又有电感的线圈接到 $u = 220\sqrt{2}\sin(314t + 30°)$V 的电源上，此时线圈中流过的电流 $i = 5\sqrt{2}\sin(314t - 30°)$A，试求：

（1）线圈的平均功率 P；（3 分）

（2）线圈的电阻 R 和电感 L；（3 分）

（3）若将电路的功率因数 $\cos\varphi$ 提高到 0.9，试问应与线圈并联多大的电容。（4 分）

（$\varphi = \cos^{-1}0.9 = 25.84°$， $\text{tg}^{-1}0.9 = 0.484$）

3．如图 5E-8 所示电路，已知 $U=200V$，$I_1=10\sqrt{2}$ A，$I_2=10A$，$R_1=5\Omega$，$R_2=X_L$，求：I、X_C、R_2、X_L 的数值。（10 分）

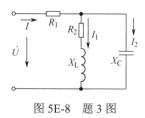

图 5E-8　题 3 图

五、综合题（10 分）

某待测电压信号为 $u_x=(10+20\sin200\pi t)V$，若用示波器来测量该电压的波形，已知偏转因数为 10V/div，时基因数为 1ms/div，以中间水平刻度线为零电平线，试在图 5E-9 所示的屏幕上正确画出示波器所显示的波形图。（10 分）

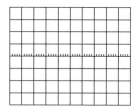

图 5E-9　综合题图

第六章　三相交流电路和电动机

一、填空题

1. 三相交流发电机能产生频率_____，振幅_____，相位_____的三相对称电动势。

2. 相线与相线之间的电压称为_____，相线与中线之间的电压称为_____，在三相四线制供电系统中，线电压和相电压的数量关系为_____。

3. 如果对称三相交流电路的 U 相电压 $u_U = 220\sqrt{2}\sin(314t+30°)$V，那么其余两相电压分别为：$u_V$=_____V，$u_W$=_____V。

4. 在对称三相交流电路中，已知相电压 $\dot{U}_A = 220\angle 60°$V，则相电压 $\dot{U}_C =$_____V，线电压 $\dot{U}_{BC} =$_____V。

5. 在三相四线制供电系统中，中性线的作用是使不对称三相负载的_____电压_____。

6. 三相照明负载必须采用_____接法，且中性线上不允许安装_____和_____，中性线的作用是_____。

7. 电路对称星形连接时，线电压与对应的相电压之间有_____的相位差。

8. 当对称三相负载作三角形连接时，线电流的大小为相电流的 $\sqrt{3}$ 倍，线电流的相位_____相应的相电流 $\dfrac{\pi}{6}$。（填超前、滞后）

9. 在三角形连接的三相对称负载电路中，相电流 I_P 和线电流 I_L 的关系为_____；相电压 U_P 和线电压 U_L 的关系为_____。

10. 如图 6-1 所示电路，若 $R=20\Omega$，电源线电压为 380V，则电压表的读数为_____，电流表的读数为_____。

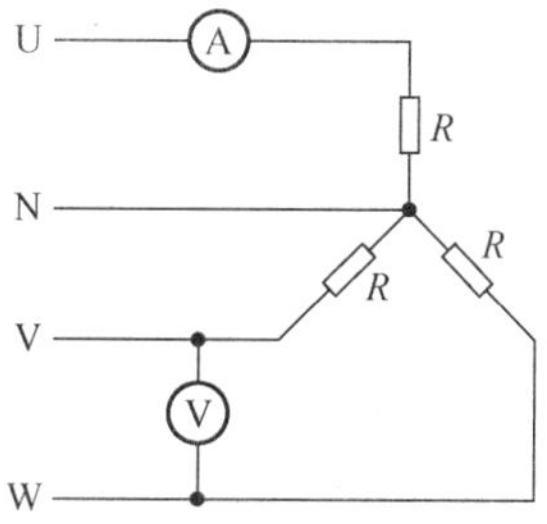

图 6-1　题 10 图

11. 三相交流发电机中的三个线圈作星形连接，相电压是 220V，用三相四线制对图 6-2 所示的星形负载供电。已知每相负载是两个并联的"220V/100W"的白炽灯组，则相线 L_1 和相线 L_2 之间交流电压的最大值是_____V，相电流是_____，线电流是_____，中性线中的电流是_____。若相线 L_1 发生断路，则其他两组白炽灯

_____正常发光，这时中性线中的电流_____零。如果这时中性线又发生断路，则其他两组白炽灯_____正常发光，这时每组白炽灯的电压是_____。

12．在图 6-3 所示电路中，L_1 相负载是一个额定电压为 220V、功率为 60W 的白炽灯，L_3 相开路，L_2 相负载是一个额定电压为 220V、功率为 40W 的白炽灯，三相电源的线电压 U_L 为 380V，则开关 S_1 断开时，L_1 相负载两端的电压为_____。

13．在图 6-4 所示对称三相电路中，电流表读数均为 1A（有效值），若因故发生 A 相短路（即开关闭合）则电流表 A_2 的读数为_____A。

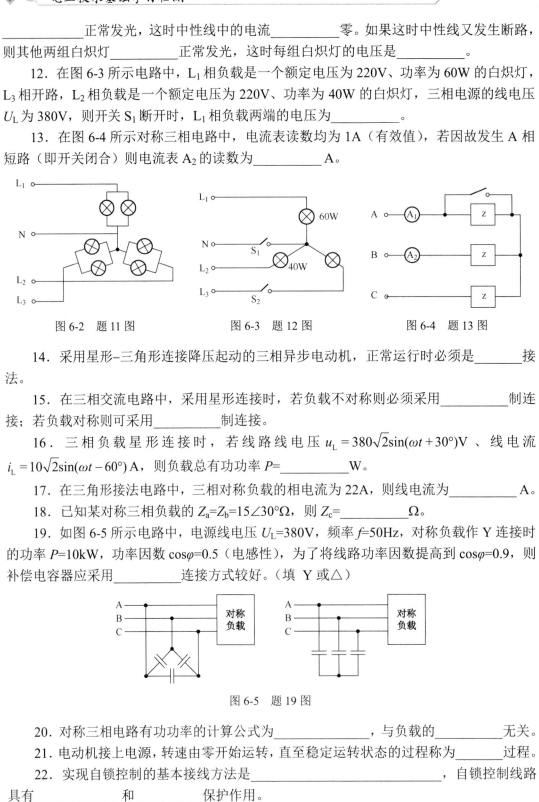

图 6-2　题 11 图　　　图 6-3　题 12 图　　　图 6-4　题 13 图

14．采用星形－三角形连接降压起动的三相异步电动机，正常运行时必须是_____接法。

15．在三相交流电路中，采用星形连接时，若负载不对称则必须采用_____制连接；若负载对称则可采用_____制连接。

16．三相负载星形连接时，若线路线电压 $u_L = 380\sqrt{2}\sin(\omega t + 30°)\text{V}$、线电流 $i_L = 10\sqrt{2}\sin(\omega t - 60°)\text{A}$，则负载总有功功率 $P=$_____W。

17．在三角形接法电路中，三相对称负载的相电流为 22A，则线电流为_____A。

18．已知某对称三相负载的 $Z_a = Z_b = 15\angle 30°\Omega$，则 $Z_c =$_____Ω。

19．如图 6-5 所示电路中，电源线电压 $U_L=380$V，频率 $f=50$Hz，对称负载作 Y 连接时的功率 $P=10$kW，功率因数 $\cos\varphi=0.5$（电感性），为了将线路功率因数提高到 $\cos\varphi=0.9$，则补偿电容器应采用_____连接方式较好。（填 Y 或△）

图 6-5　题 19 图

20．对称三相电路有功功率的计算公式为_____，与负载的_____无关。

21．电动机接上电源，转速由零开始运转，直至稳定运转状态的过程称为_____过程。

22．实现自锁控制的基本接线方法是_____，自锁控制线路具有_____和_____保护作用。

23．能实现行程控制和自动往返，控制的主要电器是_____。

24．电动机的降压启动是指_____，

降压启动的根本目的是＿＿＿＿＿＿＿＿＿＿＿＿，鼠笼式电动机降压启动的基本方法有＿＿＿＿＿＿＿、＿＿＿＿＿＿＿、＿＿＿＿＿＿＿、＿＿＿＿＿＿＿四种方法。

25．异步电动机控制线路常用＿＿＿＿＿＿实现短路保护，常用＿＿＿＿＿＿实现过载保护。

26．接触器的＿＿＿＿＿＿应串接在电动机控制电路中，其辅助常开触点并在起动按钮两端起＿＿＿＿＿＿作用，辅助常闭触点串接在控制电路中起＿＿＿＿＿＿作用。除此之外，接触器在电路中还可起＿＿＿＿＿＿和＿＿＿＿＿＿保护作用。

27．热继电器的发热元件应串接在电动机的＿＿＿＿＿＿中，其常闭触点应串接在电动机的＿＿＿＿＿＿中。热继电器在电路中起＿＿＿＿＿＿保护作用。

28．单相异步电动机的单相绕组通入单相正弦交流电流产生＿＿＿＿＿＿磁场。

29．我国生产的电工仪表按准确等级分为七级，其中以准确度为＿＿＿＿级和＿＿＿＿级的作为标准表。

30．仪表的误差是指＿＿＿＿＿＿误差与＿＿＿＿＿＿误差。

二、判断题

题号	1	2	3	4	5	6	7	8	9	10	11	12	13	14
答案														
题号	15	16	17	18	19	20	21	22	23	24	25	26	27	
答案														

1．对称三相电动势的有效值相等，频率相同，各相之间的相位差为$\dfrac{\pi}{3}$。

2．在三相交流电路中，若三相电压对称，则电流也是对称的。

3．三相电源的三个电动势之和为零，它一定是对称的。

4．负载作星形连接时，线电流等于相电流。

5．在三相电路中，中性线的作用是使每相负载的相电压对称。

6．正在运行的三相异步电动机突然一相断路，电动机会停下来。

7．三角形连接的负载，由于线电压等于相电压，所以线电流一定等于相电流的3倍。

8．三相负载作三角形连接时，无论负载对称与否，线电流必定是相电流的$\sqrt{3}$倍。

9．为了节约导线，有时照明电路采用三相三线制供电。

10．三相负载越接近对称，中性线电流就越小。

11．对称三相正弦电路中所有星形连接的中性点一定与大地等电位。

12．三相负载作三角形连接，不论负载对称与否，三个线电流的相量和为零。

13．三相负载作星形连接时，无论对称与否，线电流必定等于负载中的相电流。

14．负载不对称的三相电路，负载端的相电压、线电压、相电流、线电流均不对称。

15．三相交流发电机绕组作星形连接，不一定需引出中性线。

16．在三相交流电路中，无论负载对称与否，也不管采用什么方式连接，三相负载消耗的总功率一定等于各相负载消耗功率之和。

17．计算三相对称负载电功率的通用公式是$P=\sqrt{3}U_{L}I_{L}\cos\varphi_{相}$。

18．在同一个电源线电压作用下，三相对称负载作星形或三角形连接时，总功率相等，

且 $P = \sqrt{3}U_{L}I_{L}\cos\varphi$ 。

19. 三相异步电动机缺相起动时，一定会出现堵转现象。

20. 三相交流异步电动机是三相交流电路中的典型对称三相负载。

21. 三相异步电动机中的旋转磁场是因转子的转动而产生的。

22. 接零保护和接地保护都可以用于中性点接地的供电系统。

23. 交流绕组连接时，应使它所形成的定、转子磁场极数相等。

24. 容量小于10kW的笼式异步电动机，一般采用全压直接起动。

25. 容量大于30kW的笼式异步电动机，一般采用减压的方式起动。

26. 中性线不准安装熔丝和开关，并且中性线不可采用钢心导线。

27. 在三相四线制低压供电系统中，为了防止触电事故，对电气设备应采取保护接地措施。

三、单项选择题

1. 三相电源的线电压相位比相电压相位（　　）。

    A. 超前120°　　　B. 滞后120°　　　C. 超前30°　　　D. 滞后30°

2. 在三相四线制供电系统中，如有一相负载断开，则其余两相负载（　　）。

    A. 不能正常工作　B. 仍能正常工作　C. 功率增大　　　D. 功率减小

3. 已知三相对称电源中U相$\dot{U}_{U} = 220\angle0°\text{V}$，电源绕组为星形连接，则线电压$\dot{U}_{VW} =$（　　）V。

    A. $220\angle-120°$　　B. $220\angle-90°$　　C. $380\angle-120°$　　D. $380\angle-90°$

4. 某三相电炉采用星形连接，三相三线制供电，正常工作时线电流为22A，由于某种原因，电炉的V相炉丝断开，这时U相炉丝中的电流为（　　）。

    A. 19A　　　　　B. 11A　　　　　C. 22A　　　　　D. 0A

5. 在对称三相负载的三角形连接中，线电流滞后对应的相电流（　　）。

    A. $\dfrac{\pi}{6}$　　　　　B. $\dfrac{\pi}{2}$　　　　　C. $\dfrac{\pi}{3}$　　　　　D. $\dfrac{\pi}{4}$

6. 在三相四线制电路的中性线上，不准安装开关和保险丝的原因是（　　）。

    A. 中性线上没有电流

    B. 开关接通或断开对电路无影响

    C. 安装开关和熔断器会降低中性线的机械强度

    D. 开关断开或熔断器熔断后，三相不对称负载承受三相不对称电压的作用，无法正常工作，严重时会烧毁负载

7. 一台三相电动机，每相绕组的额定电压为220V，对称三相电源的线电压为380V，则三相绕组应采用（　　）。

    A. 星形连接，不接中性线　　　　　　B. 星形连接，并接中性线

    C. A，B均可　　　　　　　　　　　D. 三角形连接

8. 三相负载对称是指（　　）。

    A. 各相负载的电阻相同，电抗相等　　B. 各相负载的阻抗|Z|相等

C．各相负载的电路性质相同　　　　D．各相负载的复阻抗相同

9．三相对称负载的条件是（　　　　）。

A．$Z_A > Z_B > Z_C$

B．$|Z_A| = |Z_B| = |Z_C|$

C．$\varphi_A = \varphi_B = \varphi_C$

D．$|Z_A| = |Z_B| = |Z_C|$，$\varphi_A = \varphi_B = \varphi_C$

10．一个对称三相负载，当电源电压为 380V 时作星形连接，为 220V 时作三角形连接，则三角形连接时的相电流是星形连接的相电流的（　　　　）。

A．1 倍　　　　　B．$\sqrt{2}$ 倍　　　　　C．$\sqrt{3}$ 倍　　　　　D．3 倍

11．磁电式仪表能测量的对象是（　　　　）。

A．直流电量　　　　B．交流电量　　　　C．既可测直流电量又可测交流电量

12．用额定电压 220V 的灯泡组成三相对称负载，接入线电压为 380V 的对称三相电源上，灯泡最佳连接应为（　　　　）。

A．星形连接　　　　　　　　　　B．三角形连接

C．星形带中性线连接　　　　　　D．星形或三角形连接

13．一台变压器的三相绕组采用三角形连接，出厂时测得线电压和相电压均为 220V，刚接上对称负载却把绕组烧坏了，则出现这种现象的原因可能是（　　　　）。

A．有一相绕组接反了　　　　　　B．三相绕组都接反了

C．负载阻抗太小

14．在电动机继电接触控制中，热继电器的功能是（　　　　）。

A．短路保护　　　B．零压保护　　　C．过载保护　　　D．欠压保护

15．若电源频率为 50Hz，三相异步电动机的额定转速 $n_N = 940\text{r/min}$，则其额定转差率为（　　　　）。

A．2%　　　　　B．4%　　　　　C．6%　　　　　D．8%

16．三相异步电动机在运行时出现一相电源断电，对电动机带来的影响主要是（　　　　）。

A．电动机立即停转　　　　　　　B．电动机转速降低、温度升高

C．电动机出现振动及异声　　　　D．电动机反转

17．三相异步电动机的电路部分是（　　　　）。

A．定子铁心　　　B．定子绕组　　　C．转子绕组　　　D．转子铁心

18．三相异步电动机的转速越低，其转差率（　　　　）。

A．越大　　　　　B．越小　　　　　C．越稳定　　　　D．无法判断

19．三相异步电动机的旋转磁场方向是由三相电源（　　　　）决定的。

A．相位　　　　　B．相序　　　　　C．频率　　　　　D．相位角。

20．异步电动机旋转的必要条件是电动机转速 n（　　　　）定子旋转磁场转速 n_1。

A．等于　　　　　B．恒小于　　　　C．大于或等于　　　D．恒大于

21．在正常运行范围内，异步电动机的转差率仅在（　　　　）之间。

A．0.1～0.3　　　　B．0.1～0.6　　　　C．0.01～0.03　　　　D．0.01～0.06

四、计算题

1．一台三相异步电动机的各相复阻抗为 $Z = (6 + j8)\Omega$，采用星形接法接入线电压为

$\dot{U}_{AB} = 380\angle 30°\text{V}$ 的三相电源上，求各相电流 I_P 和线电流 I_L；写出各相电流的瞬时值表达式。

2. 如图 6-6 所示，三相对称三角形负载，每相阻抗为 100Ω，线电压为 120V。求：

（1）开关 S 闭合时各安培表的读数；

（2）开关 S 断开时各安培表的读数。

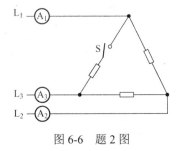

图 6-6　题 2 图

3. 有三个 200Ω 的电阻，将它们接成星形，接到线电压为 380V 的对称三相电源上，试求线电压、相电压、线电流和相电流各是多少？

4. 一对称三相三线制电路，已知电源线电压为 380V，每相负载由 $R=16Ω$、$X_L=40Ω$、$X_C=28Ω$ 串联组成，求：负载三角形连接时的相电流和线电流？

5. 三相四线制电源供给三相电阻性负载。其各相电阻 $R_a=10Ω$，$R_b=R_c=20Ω$。已知工频电源相电压 $\dot{U}_A = 220\text{V}$，初相位为 0°，求：

（1）相电流 i_A、i_B、i_C 和线电流 i_a、i_b、i_c；

（2）画出电流和电压的相量图；

（3）中线电流 i_N。

6. 对称三相负载三角形连接，线电流 $\dot{I}_U = 10\angle{-30°}\text{A}$。写出各线电流以及三个相电流的解析式。

7. 一台三相电动机的绕组接成星形，已知每相绕组的电阻 R 为 6Ω，电感 L 为 25.5mH。现将它接入线电压为 380V，频率为 50Hz 的三相线路中，试求通过每相绕组的电流和三相有功功率。

8. 三相对称电源相电压为 220V，有一个三相对称负载，每相电阻 $R=8$Ω，感抗 $X_L=6$Ω。求：

（1）负载作星形连接时的线电压 U_L 和相电流 I_P；

（2）负载作三角形连接时负载的相电压 U_P，相线中的电流 I_L；

（3）分别求两种情况下的三相功率。

9. 一对称三相负载，接入一三相四线制电源中，已知电源的相电压为 220V，每相的阻抗为 $Z=(16+j12)$Ω，求：

（1）负载作三角形连接时的线电流与有功功率；

（2）负载作星形连接时的线电流与有功功率。

10. 某三相对称感性负载，按星形连接到线电压为 380V 的对称三相电源上，从电源吸收到的总功率 P 为 5.28kW，功率因数为 0.8。

（1）求负载的相电压及电源的线电流？

（2）如将上述负载改成三角形连接，电源电压不变，求负载的相电流、端线电流及三相总有功功率？

11. 在图 6-7 所示对称三相电路中，$R_{AB}=R_{BC}=R_{CA}=100\Omega$，电源线电压为380V，求：

（1）电压表和电流表的读数是多少；

（2）三相负载消耗的功率 P 是多少。

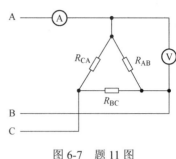

图 6-7　题 11 图

12. 有一个三相电动机，其额定电压为 380V，额定电流为 3.25A，功率因数为 0.7，试求该电动机的额定功率。

13. 三相对称负载接在对称三相电源上，若电源线电压为 380V，各相阻抗为 $Z=(30+j40)\Omega$，分别求负载作星形连接和三角形连接时的相电压、相电流、线电流和负载消耗的功率。

14. 某异步电动机的铭牌数据是：功率 3kW，接法△，电压 220V，电流 11.25A，频率 50Hz，功率因数 0.866，转速 1430 转/分，求：

（1）电动机的额定效率；

（2）转差率和磁极对数。

五、综合题

1. 在图 6-8 所示的电路中，三相电源的线电压为 380V，Z_1、Z_2、Z_3 为三台型号相同的加热炉，其额定电压为 220V。由于发生故障，原来正常工作的三台加热炉中，Z_2、Z_3 的炉温下降（但仍比室温高），而 Z_1 炉温未变。经检查，加热炉仍完好。

（1）在正常工作状态下，三台加热炉应如何连接到三相电源上？请在图中画出（不必用文字说明）；

（2）该电路发生了什么故障？请在图中标出故障点。

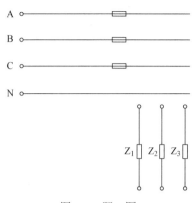

图 6-8 题 1 图

2. 某三层大楼照明电灯由三相四线制供电，线电压为 380V，每层楼均有 220V，40W 的白炽灯 242 只，一、二、三层楼分别使用 U、V、W 三相，试求：

（1）当第一层楼电灯全部熄灭，另两层楼电灯全部亮时的线电流和中性线电流。

（2）当第一层电灯全部熄灭，且中性线断掉，二、三层楼电灯全亮时灯泡两端电压为多少？若再关掉三层的一半电灯，情况如何？

3. 三相负载接成三角形或星形是根据什么原则决定的？采用三相四线制时中性线有何作用？在图 6-9 所示电路中，四个功率相同的灯泡接在额定电压 U_N 上，若中性线断开，有何后果？

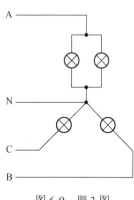

图 6-9 题 3 图

4. 一栋三单元的宿舍楼，采用三相四线制供电，每个单元进一相，如图 6-10 所示。某天，突然一、二两个单元电压不稳。一单元电压高，二单元就低；一单元电压低，二单元就高。第三单元一直正常，户外测量三相电压都稳定。试分析故障原因。

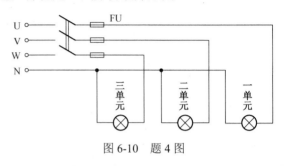

图 6-10　题 4 图

5. 示波器的使用实验题：

（1）如果荧光屏上线条亮度不够，应调节_____；

（2）如果荧光屏上线条较粗，不够锐利，应调节_____；

（3）如果水平线条不在屏幕中间位置，则应调节_____；

（4）如果水平线条在屏幕上只显示一大半，则应调节_____；

（5）若使用的探针上面印有"×10"，意思是_____。

6. 请将图 6-11 中三相异步电动机连接成三角形。

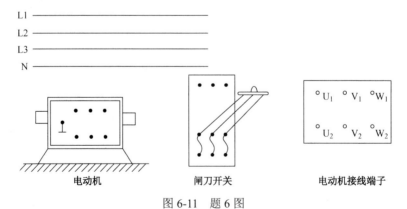

图 6-11　题 6 图

三相交流电路和电动机单元测试（B）卷

时量：90 分钟　　总分：100 分　　难度等级：【中】

一、填空题（每空 2 分，共计 30 分）

1. 有一对称三相电源，其 U 相的相电压为 220V，初相位是 0°，则 W 相的初相位为_____，U、V 两相间的线电压为_____V，初相位为_____。

2. 有一三相对称负载，每相负载的额定电压为 220V，当三相电源的线电压为 380V 时，负载应作_____连接，当三相电源的线电压 220V 时，负载应作_____连接。

3. 如图 6B-1 所示三相电路，已知 S_A 闭合时各电流表的读数均为 3.8A，当 S_A 断开时，A_1、A_2、A_3 各电流表读数分别是_____、_____和_____。

4. 线电压为 380V 的三相电源，分别接入星形和三角形两组对称负载，如图 6B-2 所示。各电阻元件分别为 10Ω 和 30Ω，则星形负载的线电流为_____A，负载消耗的功率为_____；三角形负载的线电流为_____，负载消耗的功率为_____，电源相线上的电流为_____A。

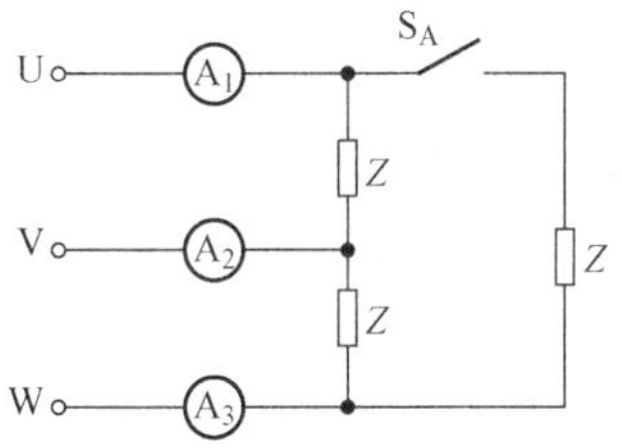

图 6B-1　题 3 图 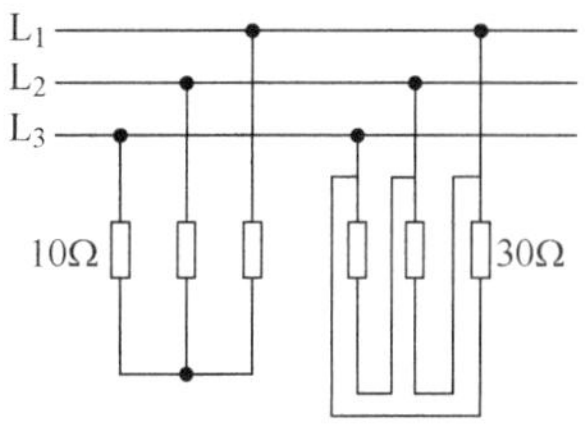　　　　　　　　　　图 6B-2　题 4 图

5. 一台四极异步电动机，通入工频三相交流电，若转差率 $S=0.06$，则电动机的转速为_____r/min，同步转速为_____r/min。

二、判断题（每小题 1 分，共计 10 分）

题号	1	2	3	4	5	6	7	8	9	10
答案										

1. 将照明负载连接成三相对称时，可以不要中性线。
2. 三相异步电动机都可以采用 Y–△降压起动方式。
3. 对称三相交流电在任意瞬间的数值之和恒等于零。
4. 鼠笼式异步电动机的起动性能和调速性能都不好于绕线式异步电动机。
5. 只要电动机的旋转磁场反转，电动机就会反转。

6. 所谓点动控制，就是当按下按钮时电动机转动，松开按钮时电动机就停转。

7. 在三相四线制电路中，中性线不允许接入开关或保险丝。

8. 对称三相负载作星形连接或三角形连接，电路总无功功率 $Q = \sqrt{3}U_L I_L \sin\varphi$ 其中 φ 为线电压与线电流间的相位差。

9. 由三相交流功率计算公式 $P = \sqrt{3}I_L U_L \cos\varphi$ 可知，在用同一电源时，负载接成星形或三角形，其总功率是相同的。

10. 在电源中性点接地系统中，只能采用保护接零，不可采用保护接地。

三、单项选择题（每小题 2 分，共计 20 分）

1. 一台正常工作时定子绕组为△形连接的三相鼠笼式异步电动机采用 Y–△ 转换起动，其起动电流为直接起动时电流的（　　）。

A. $\frac{1}{3}$ 倍
B. $\frac{1}{\sqrt{3}}$ 倍
C. $\sqrt{3}$ 倍
D. 3 倍

2. 三相异步电动机的能耗制动是采取（　　）。

A. 将定子绕组从三相电源断开，将其中两相接入直流电源

B. 将定子绕组从三相电源断开，将其中两相接入电阻

C. 将定子绕组从三相电源断开，将其中两相接入电感

D. 改变电动机接入电源的相序

3. 某鼠笼式三相异步电动机的额定电压为 220/380V，接法为△/Y，若采用 Y/△ 转换降压起动，则起动时每相定子绕组的电压是（　　）。

A. 380V
B. 220V
C. 127V
D. 110V

4. 在星形连接的三相交流电路中，相电流 I_P 和线电流 I_L，相电压 U_P 和线电压 U_L 的关系为（　　）。

A. $I_P=I_L$；$U_P=\dfrac{U_L}{\sqrt{3}}$
B. $I_P=I_L$；$U_P=\sqrt{3}\,U_L$

C. $I_P=\sqrt{3}\,I_L$；$U_L=U_P$
D. $I_P=\dfrac{I_L}{\sqrt{3}}$；$U_P=U_L$

5. 电动机的额定功率 P_N 是指电动机在额定工作状态下（　　）。

A. 电源输入的电功率
B. 电动机内部消耗的所有功率

C. 转子中的电磁功率
D. 转轴上输出的机械功率

6. 如图 6B-3 所示，三个完全相同的负载连接成星形，由不计内阻的三相交变电源供电，若 C 相断开，则电流表和电压表的示数变化应分别是（　　）。

A. 电流表示数变小，电压表示数不变

B. 电流表示数不变，电压表示数变大

C. 电流表、电压表示数都变小

D. 电流表、电压表示数都不变

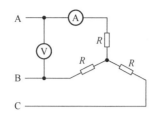

图 6B-3　题 6 图

7. 在三相对称电动势中，若 e_U 的有效值为 100V，初相位为零，则 e_V、e_W 为（　　　　）。

　　A．$e_V = 100\sin\omega t \text{V}$，$e_W = 100\sin\omega t \text{V}$

　　B．$e_V = 100\sin(\omega t - 120°)\text{V}$，$e_W = 100\sin(\omega t + 120°)\text{V}$

　　C．$e_V = 141\sin(\omega t - 120°)\text{V}$，$e_W = 141\sin(\omega t + 120°)\text{V}$

　　D．$e_V = 141\sin(\omega t + 120°)\text{V}$，$e_W = 141\sin(\omega t - 120°)\text{V}$

8. 如图 6B-4 所示三相负载接在对称三相电源上，相电压为 220V，其正确的说法是（　　　）。

　　A．因各相阻抗 $|Z|=20\Omega$，所以是对称负载

　　B．各相的相电流 I_P 相等

　　C．$P=13200\text{W}$

　　D．中性线电流为 33A

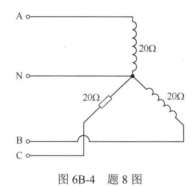

图 6B-4　题 8 图

9. 三相对称电源绕组相电压为 220V，若有一三相对称负载额定相电压为 380V，电源与负载应接成（　　　）。

　　A．Y–△　　　　　　　　　　　　B．△–△

　　C．Y–Y　　　　　　　　　　　　D．△–Y

10. 在不相同的线电压中，负载作三角形连接的有功功率 $P_\triangle$ 为星形连接的有功功率 P_Y 的（　　　）倍。

　　A．$\sqrt{3}$　　　　　B．$\dfrac{1}{\sqrt{3}}$　　　　　C．3　　　　　D．不确定

四、计算题（30 分）

1. 三相对称负载的功率为 5.5kW，三角形连接后接在线电压为 220V 的三相电源上，

测得线电流为19.5A，求：

（1）负载相电流、功率因数、每相阻抗；（7分）

（2）若将该负载改接为星形连接，接至线电压为380V三相电源上，则负载的相电流、线电流、吸收的功率各为多少？（8分）

2．一对称三相负载，每相的等效电阻 $R=28\Omega$，等效感抗 $X_L=21\Omega$，试求在下列两种情况下三相负载的相电流、线电流及从电源输入的功率，并比较所得结果。

（1）负载连成星形接于 $U_L=380V$ 的三相电源上；（7分）

（2）负载连成三角形接于 $U_L=380V$ 的三相电源上。（8分）

五、综合题（10分）

在图6B-5中，单相电度表内部的电压线圈、电流线圈是怎样通过接线端子1、2、3、4与电源接线端a、b及负载接线端c、d相连接的？请在图中画出它们的连线。（10分）

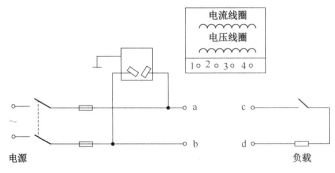

图6B-5　综合题图

三相交流电路和电动机单元测试（C）卷

时量：90 分钟　　　总分：100 分　　　难度等级：【中】

一、填空题（每空 2 分，共计 30 分）

1. 某对称三相交流电按正序工作，已知它的 $u_U = 220\sqrt{2}\sin(100\pi t - 30°)\text{V}$，则 $u_W=$＿＿＿＿＿＿＿＿＿V。

2. 在 380V 三相四线制供电系统中，可以获得两种电压，即＿＿＿＿＿＿电压，为＿＿＿＿＿＿V；＿＿＿＿＿＿电压为＿＿＿＿＿＿V。

3. 某三相对称感性负载连成星形，接到线电压 $U_L=380\text{V}$ 的三相对称电源上，从电源取用的总功率 $P=5.28\text{kW}$，功率因数 $\lambda=0.8$，则负载的相电流 $I_P=$＿＿＿＿＿＿A，电源的线电流 $I_L=$＿＿＿＿＿＿A。

4. 同一个三相对称负载作三角形连接时的电功率是星形连接时的电功率的＿＿＿＿倍。

5. 有一三相对称负载，其各相电阻为 16Ω，感抗为 12Ω，负载连成三角形接在线电压为 380V 的电源上，则其相电压 $U_P=$＿＿＿＿＿＿，线电流 $I_L=$＿＿＿＿＿＿，三相总功率 $P=$＿＿＿＿＿＿。

6. 某电动机铭牌上标明：电压 220/380V，接法△/Y，这个符号的意思是：

（1）当定子绕组接成△时，应接在线电压为＿＿＿＿＿＿V 的电网上使用；

（2）当定子绕组接成 Y 时，应接在线电压为＿＿＿＿＿＿V 的电网上使用；

（3）若该电动机采用 Y–△转换起动时，则起动时电动机的定子绕组的相电压为＿＿＿＿＿＿；正常运行时电动机的定子绕组的相电压为＿＿＿＿＿＿V。

二、判断题（每小题 1 分，共计 10 分）

题号	1	2	3	4	5	6	7	8	9	10
答案										

1. 照明电路采用三相四线制供电线路，中性线必须安装熔断器防止中性线烧毁。

2. 在相同的线电压下，对称负载作三角形连接的有功功率是作星形连接的有功功率的三倍。

3. 三相交流电源是由频率、有效值、相位都相同的三个单相交流电源按一定方式组合起来的。

4. 为保证机床操作者的安全，机床照明灯的电压应选 36V 以下。

5. 为了安全起见，三相四线制供电系统中中性线必须接开关。

6. 在同一个三相电源的作用下，同一个三相负载作三角形连接时的相电流是作星形连接时的相电流的 3 倍。

7．两根相线间的电压称为相电压。

8．为了安全，三相四线制供电线路中的中性线必须重复接地。

9．三相电源线电压与三相负载的连接方式无关，所以线电流也与三相负载的连接方式无关。

10．在对称三相交流电路中，三个线电流的相量和一定为零。

三、单项选择题（每小题 2 分，共计 20 分）

1．三相异步电动机在正常工作时，若仅负载转矩增加，则转差率（　　　）。

A．增大　　　　　　B．减小　　　　　　C．不变　　　　　　D．忽大忽小

2．计算三相对称负载有功功率的公式中，角度 φ 是指（　　　）。

A．相电压和相电流的相位差　　　　B．线电压与相电流的相位差

C．相电压与线电流的相位差　　　　D．线电压与线电流的相位差

3．在负载对称的三角形连接的三相电路中，正确说法是（　　　）。

A．线电压是相电压的 $\sqrt{3}$ 倍，线电流等于相电流

B．线电压是相电压的 $\sqrt{3}$ 倍，线电流是相电流的 $\sqrt{3}$ 倍

C．线电压等于相电压，线电流等于相电流

D．线电压等于相电压，线电流等于相电流的 $\sqrt{3}$ 倍

4．在三相四线制电路中，中性线的作用是（　　　）。

A．构成电流回路　　　　　　　　B．获得两种电压

C．使不对称负载相电压对称　　　D．使不对称负载功率对称

5．对称三相负载每相阻抗为 22Ω，作星形连接在线电压为 380V 的对称三相电源上，下列说法不正确的是（　　　）。

A．负载相电压 U_P 为 380V　　　　B．负载相电流 I_P 为 10A

C．负载线电压 U_L 为 380V　　　　D．线电流 I_L 为 10 A

6．一台三相异步电动机，接在频率为 50Hz 的三相电源上，若电动机工作在 n_N=2940r/min 的额定转速下，则转子感应电动势的频率为（　　　）。

A．1Hz　　　　B．2Hz　　　　C．50Hz　　　　D．60Hz

7．改变交流电动机的运转方向，调整电源采取的方法是（　　　）。

A．调整其中两相的相序　　　　B．调整三相的相序

C．定子串电阻　　　　　　　　D．转子串电阻

8．关于安全用电的有关常识，下列说法错误的是（　　　）。

A．触电对人体的伤害，主要通过人体的电流来决定

B．常见的触电方式有单相触电和两相触电

C．安装用电设备时，带电部分须有防护罩或放到不易接触到的高处，并且将电气设备的外壳保护接地

D．为确保电气设备的安全性，电气设备的外壳既采用保护接地，又采用保护接零效果更佳

9. 对称三相负载组成三角形连接，由对称三相交流电源供电，如图 6C-1 所示，若 V 相断开，则电流表和电压表的示数变化分别为（ ）。

    A．电流表示数变小，电压表示数为零

    B．电流表示数变小，电压表示数不变

    C．电流表示数变大，电压表示数为零

    D．电流表示数变大，电压表示数不变

10. 在三相交流电路中，属于对称的负载是（ ）。

    A．$|Z_A|=|Z_B|=|Z_C|$

    B．$\varphi_A=\varphi_B=\varphi_C$

    C．$Z_A=Z_B=Z_C$

    D．A=B=C

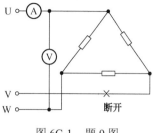

图 6C-1　题 9 图

四、计算题（20 分）

1. 如图 6C-2 所示，三相对称三角形负载，每相阻抗为 100Ω，线电压为 120V。求：开关 S 闭合时各安培表的读数；开关 S 断开时各安培表的读数。（10 分）

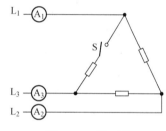

图 6C-2　题 1 图

2. 一台星形连接的三相发电机，相电流为 120A，线电压为 800V，功率因数为 0.8，求此发电机提供的有功功率、无功功率和视在功率。（10 分）

五、综合题（20分）

1．某大楼有三层楼，每层楼使用一相交流电供电。

（1）这楼的电灯是如何连接的？画出三层楼的供电图；（4分）

（2）某天电灯发生故障，第二层楼和第三层楼所有电灯都突然暗下来，而第一层楼电灯亮度不变，试问这是什么原因？（4分）

（3）同时发现，第三层楼的电灯比第二层楼的电灯还暗些，这又是什么原因？（4分）

2．有一台三相发电机，其绕组接成星形，每相绕组额定电压 220V，在一次试验中，用万用表测得各相电压均为 220V，而线电压 $U_{BC}=380V$，$U_{AB}=U_{CA}=220V$，试分析这种现象是由什么原因造成的？并画出矢量图予以说明？（8分）

第七章　变 压 器

一、填空题

1．一台容量为 $S=25\text{kVA}$ 的变压器，若输出功率 $P=15\text{kW}$，负载的功率因数 $\cos\varphi=$_____，如果要输出 $P=20\text{kW}$，则负载的功率因数必须提高到_____。

2．理想变压器的电阻为_____。

3．理想变压器的作用有_____、_____、_____。

二、判断题

题号	1	2	3
答案			

1．变压器的高压线圈匝数少而电流大，低压线圈匝数多而电流小。

2．变压器用来变换阻抗时，变比等于原、副边阻抗的平方比。

3．升压变压器有载时原边电流大于副边电流。

三、单项选择题

1．变压器负载运行时，产生的主磁通是（　　）。

　　A．原绕组电流产生　　　　　　　B．副绕组电流产生

　　C．原、副绕组电流共同产生　　　D．无法确定

2．关于电压互感器的特点，下列叙述不正确的是（　　）。

　　A．一次侧线圈匝数少，二次侧线圈匝数多

　　B．二次侧不允许短路

　　C．在使用时一次侧线圈应与待测电路并联

　　D．相当于变压器的开路运行

3．减小涡流损耗可以采用（　　）方法。

　　A．增大铁心的磁导率　　　　　　B．增大铁心的电阻率

　　C．减少铁心的磁导率　　　　　　D．减少铁心的电阻率

4．关于理想变压器，下列说法不正确的是（　　）。

　　A．原、副绕组的电阻为 0　　　　B．没有漏磁

　　C．没有铁心损耗　　　　　　　　D．增大交流电的功率

5．对于理想变压器来说，下列叙述正确的是（　　）。

　　A．变压器可以改变各种电源电压

　　B．变压器原绕组的输入功率是由副绕组的输出功率决定的

　　C．变压器不仅能改变电压，还能改变电流和电功率等

D. 抽去变压器的铁心、互感现象依然存在，变压器仍能正常工作

6. 有一个 20V，8Ω的小喇叭，通过变压器接在 220V 的信号源上运行，则这个变压器初级的输入阻抗为（　　）Ω，喇叭上获得的最大功率为（　　）W。

A. 968　　　　　　B. 242　　　　　　C. 50　　　　　　D. 12.5

7. 变压器的工作效率为（　　）。

A. $\eta = \dfrac{P_1}{P_2} \times 100\%$

B. $\eta = \dfrac{P_2}{P_1 + P_{Cu} + P_{Fe}} \times 100\%$

C. $\eta = \dfrac{P_2}{P_2 + P_{Cu} + P_{Fe}} \times 100\%$

D. $\eta = \dfrac{P_2 + P_{Cu} + P_{Fe}}{P_1} \times 100\%$

8. 测量一高压纯电阻交流电路的功率，使用的电压互感器 $K_V=100$，电流互感器 $K_A=0.2$，测得数据为 $U=10V$，$I=5A$，则这一电路实际功率为（　　）。

A. 500W　　　　　B. 1kW　　　　　C. 2.5kW　　　　　D. 25kW

9. 变压器变比 $K=5$，当 $U_1=10kV$，$I_1=1A$ 时，有（　　）。

A. $U_2=50kV$　　　B. $I_2=0.2A$　　　C. $|Z_1|=10k\Omega$　　　D. $|Z_1|=250k\Omega$

四、计算题

1. 在图 7-1 所示电路中，阻抗为 8Ω 的扬声器，通过一变压器接到信号源上。已知信号源的 $U_s=16V$，内阻 $R_s=800\Omega$，变压器的一次绕组匝数 $N_1=1000$，二次绕组匝数 $N_2=100$，试求：

（1）变压器的初级输入阻抗 Z_1；

（2）变压器次级绕组的电流 I_2；

（3）扬声器获得的功率。

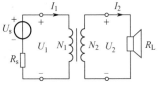

图 7-1　题 1 图

2. 信号源电动势 $E=20V$，负载电阻 $R_L=16\Omega$，理想变压器的初、次级绕组匝数分别为 500 匝和 100 匝，在阻抗匹配时，求：

（1）信号源内阻 R_S；

（2）负载消耗功率；

（3）变压器初、次级电流 I_1、I_2。

变压器单元测试（B）卷

时量：90 分钟 　　总分：100 分 　　难度等级：【中】

一、填空题（每空 2 分，共计 40 分）

1. 铁心是变压器的_____路部分，线圈是变压器的_____路部分。

2. 变压器的功率损耗主要是由_____和_____两部分。

3. 变比 $n=10$ 的变压器，原边接上 $U_1=10V$ 的直流电压，副边接上 2Ω 的电阻，则电阻上所消耗的功率为_____W。

4. 变压器可以变换_____、变换_____和变换_____。

5. 220V 的交流电加在一个变压器的原边上，在其副边上接一个标有"20V，10W"的白炽灯，它可以正常发光。则变压器的原、副边绕组匝数比为_____，原边中的电流为_____。

6. 一台容量为 20kVA 的照明变压器，它的电压为 6600V/220V，它的初级绕组为 3000 匝，次级绕组为_____匝。

7. 某钳形电流表的变比为 0.05，测量时表的读数 0.6A，则线路的实际电流为_____A。

8. 变比 $n=10$ 的变压器，原绕组接 $E=100V$ 的交流电源，副绕组接负载电阻 $R_L=20\Omega$，则原绕组的等效电阻为_____Ω，副绕组两端电压为_____V，副绕组电流为_____A。

9. 如图 7B-1 所示变压器电路，当开关 S 断开时其输入电阻 $R_1=$_____Ω；当开关 S 闭合后其输入电阻 $R_1=$_____Ω。

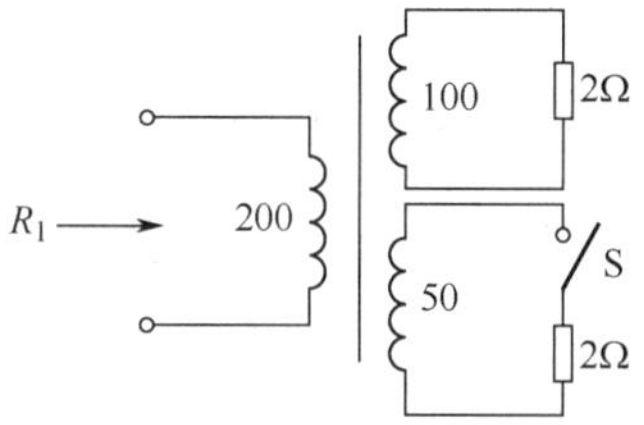

图 7B-1　题 9 图

10. 变比 $n=0.4$ 的变压器，如果负载电阻 $R_L=200\Omega$，那么原边的等效电阻为_____Ω。

11. 某电流互感器的电流比为 500/10A，若电流表的读数为 5.5A，则被测电流是_____A。

12. 某电压互感器的电压比为 1000/100V，若电压表的读数为 80V，则被测电压是_____V。

二、判断题（每小题 1 分，共计 10 分）

题号	1	2	3	4	5	6	7	8	9	10
答案										

1．自耦变压器可以跟普通变压器一样，作为安全变压器使用。

2．变压器是一种静止的电气设备，它只能传递电能，而不能产生电能。

3．变压器的额定容量就是原绕组的额定电压与额定电流的乘积。

4．在电流互感器中，初级绕组是用细导线绕成的，一般只有一匝或几匝。

5．在理想变压器电路中，当输入电压一定时，为使输入功率增大，可采用的办法是加大负载。

6．自耦变压器绕组公共部分的电流，在数值上等于原、副边电流之和。

7．在降压变压器中，由于 $U_1 > U_2$，$I_1 < I_2$，故初级绕组匝数较多，导线截面积较大。

8．变压器变换电流公式，是在满载电流的情况下得到的，若变压器在空载或轻载下运行，该公式就不适用了。

9．变压器、电动机的铁心是软磁性材料。

10．高频变压器中的铁心材料要求电阻率越大越好。

三、单项选择题（每小题 2 分，共计 20 分）

1．变压器是传输（　　　）的电气设备。

　　A．电压　　　　　　　　　　B．电流

　　C．阻抗　　　　　　　　　　D．电能

2．对于理想变压器，下列正确的是（　　　）。

　　A．变压器可以改变各种电源的电压

　　B．变压器对于负载来说，相当于电源

　　C．抽去变压器的铁心，互感现象依然存在，变压器仍能正常工作

　　D．变压器不仅能改变电压，还能改变电流和电功率等

3．若将额定电压为 220/36V 的变压器接在 220V 的直流电源上，变压器（　　　）。

　　A．输出 36V 直流电

　　B．无输出电压，一次绕组因严重过热而烧毁

　　C．无输出电压

　　D．输出 36V 直流电，但最终一次绕组因严重过热而烧毁

4．有一理想变压器，输入交流电压的最大值为 196V。另有负载电阻接在 20V 直流电压上，消耗功率为 P，将它接入此变压器的次级电路中，消耗功率为 $0.25P$，则这个变压器的原、副绕组的匝数比为（　　　）。

　　A．1∶14　　　　　　　　　　B．13.9∶1

　　C．19.6∶1　　　　　　　　　D．10∶1

5．降压变压器，输入电压的最大值为 220V，另有一负载 R，当它接到 22V 的电源上消耗功率 P，若把它接到上述变压器的次级电路上，消耗功率为 $0.5P$，则此变压器的原、

副绕组的匝数比为（　　）。

    A．1∶1　　　　　　　　　　　B．10∶1

    C．50∶1　　　　　　　　　　D．100∶1

6．电源变压器原、副边绕组匝数比为 10∶1，副绕组自身的电阻为 0.5Ω，它接有一个 20V/100W 的电阻，且正常工作，不考虑原绕组与铁心的热损耗，则变压器的效率为（　　）。

    A．11%　　　　　　　　　　　B．11.25%

    C．87.5%　　　　　　　　　　D．89%

7．一个信号源的内阻为 200Ω，通过输出变压器与一个 5Ω 的负载相连，若要使该负载上获得最大的输出功率，该输出变压器的变比为（　　）。

    A．6.32　　　　　　　　　　　B．8.94

    C．40　　　　　　　　　　　　D．80

8．电压互感器运行时，接近（　　）。

    A．空载状态，副绕组不能开路　　　　B．空载状态，副绕组不能短路

    C．短路状态，副绕组不能开路　　　　D．短路状态，副绕组不能短路

9．为了安全，机床上照明电灯用的电压是 36V，这个电压是把 220V 的电压通过变压器降压得到的，如果这台变压器给 40W 的电灯供电（不考虑变压器的损失），则一次、二次绕组的电流之比是（　　）。

    A．1∶1　　　　　　　　　　　B．55∶9

    C．9∶55　　　　　　　　　　　D．无法确定

10．如图 7B-2 所示，变压器的输入电压 U 一定，两个副绕组的匝数是 N_2 和 N_3。当把电热器接到 a、b 而 c、d 空载时，安培计读数是 I_1；当把同一电热器接到 c、d 而 a、b 空载时，安培计读数是 I_1'，则 $\dfrac{I_1}{I_1'} =$（　　）。

    A．$\dfrac{N_2}{N_3}$　　　　　　　　　　B．$\dfrac{N_3}{N_2}$

    C．$\dfrac{N_2^2}{N_3^2}$　　　　　　　　　　D．$\dfrac{N_3^2}{N_2^2}$

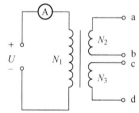

图 7B-2　题 10 图

四、计算题（15 分）

1．一台容量为 20kVA 的照明变压器，它的电压为 6600V/220V，它的初级绕组为 3000 匝，次级绕组应为多少匝？能供多少盏功率因数为 0.6、电压为 220V、功率为 40W 的日光灯正常工作？（7 分）

2．有一信号源的电动势为10V，内阻为600Ω，负载电阻为150Ω。欲使负载获得最大功率，必须在信号源和负载之间接一匹配变压器，使变压器的输入电阻等于信号源的内阻，如图7B-3所示。问：变压器变比，初、次级电流各为多少？（8分）

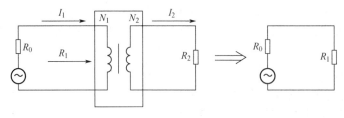

图7B-3　题2图

五、综合题（15分）

变电站通过升压器，输电线和降压器把电能输送到用户。

（1）画出上述远距离高压输电的电路模型图；（3分）

（2）若发电机输出功率是 100kW，输出电压是 250V，升压器的初、次级绕组的匝数比为1∶25。则求出升压器次级绕组的输出电压和输电线上的输电电流；（4分）

（3）若已知输电线上的功率损失为 4%，求输电线的总电阻和降压器的初级电压；（4分）

（4）降压器初、次绕组的匝数比若为25∶1，则用户得到的电压是多少？（4分）

第八章 非正弦交流电路

一、填空题

1. 已知某电路的端电压 $u = 100 + 100\sin\omega t + 30\sin 3\omega t$ V，电流 $i = 50\sin(\omega t - \frac{\pi}{4}) + 20\sin(3\omega t - \frac{\pi}{3})$A，则该电路的有功功率 $P=$_____W。

2. 非正弦周期电压 $u = 8\sqrt{2}\sin\omega t + 6\sqrt{2}\sin 3\omega t$V，其基波分量是_____；三次谐波分量是_____；其有效值 $U=$_____V。

3. 非正弦周期电压 $u = 4\sqrt{2}\sin\omega t + 3\sqrt{2}\sin 3\omega t$，其直流分量为_____，基波分量是_____V，三次谐波分量是_____V，其有效值 $U=$_____V。

二、判断题

题号	1	2	3
答案			

1. 周期性非正弦交流电压有效值按 $U = \sqrt{U_0^2 + U_1^2 + U_2^2 + \cdots + U_K^2 + \cdots}$ 进行计算。

2. 若将非正弦周期电流分解为各种不同频率成分，$i = i_0 + i_1 + i_2 + \cdots$，则有效值相量为 $\dot{I} = \dot{I}_0 + \dot{I}_1 + \dot{I}_2 + \cdots$。

3. $i = 5\sin\omega t + 2\sin 3\omega t$ A 是非正弦电流。

三、单项选择题

1. 非正弦交流电的产生途径不包括（   ）。
   A．脉冲信号发生器   B．电路受到几个不同频率信号的激励
   C．线性元件受到正弦交流电激励   D．发电机输出失真的正弦波交流电

2. 非正弦电压 $u = 15\sqrt{2}\sin 314t + \sqrt{2}\sin 942t$V 的周期为（   ）。
   A．0.0067s   B．314s   C．0.02s   D．942s

3. 在非正弦交流电路中，下列式子错误的是（   ）。
   A．$P = P_0 + P_1 + P_2 + \cdots$ B．$Q = Q_1 + Q_2 + \cdots$
   C．$S = \sqrt{P^2 + Q^2}$ D．$S = UI$

4. 若一非正弦周期电流的三次谐波分量为 $i_3 = 30\sin(3\omega t + 60°)$A，则其三次谐波分量的有效值 $I_3=$（   ）A。
   A．30   B．$3\sqrt{2}$ C．$15\sqrt{2}$ D．$7.5\sqrt{2}$

四、计算题

已知某二端无源网络的外加电压 $u = 300 + 200\sin\omega t + 150(3\omega t + 60°)$ V，流入端口的电流 $i = 10 + 5\sin(\omega t - 30°) + 2\sin(3\omega t + 15°)$ A，电流与电压取关联参考方向。求电压、电流的有效值及平均功率。

第九章　过渡电路

一、填空题

1. 一 RC 串联电路，若在阻值为 R 的电阻两端再并联一个相同的电阻，则电路的时间常数将为原来的_____倍。

2. 换路定律指出，在换路瞬间，电容两端的_____和电感中的_____不能跃变。

3. 时间常数 τ 的意义是：含_____元件的电路在_____后，电路中的基本变量由_____值变化到_____值的整个变化量完成了_____%时所经过的时间；一般认为经过_____τ 的时间后，过渡过程基本结束。时间常数 τ 的大小取决于电路的_____和_____。

4. 一个电感线圈被短接后，需经 0.1s 才能使线圈中的电流减少到初始值的 36.8%，如果用一只 $R=5\Omega$ 的电阻代替短路线，需经 0.05s 才能使线圈中的电流减少到初始值的 36.8%，则该线圈的电阻为_____，电感为_____。

5. 有一个 50μF 的电容器，在通过电阻放电的过程中，电阻吸收的能量为 5J，已知放电电流的初始值是 0.5A，则放电前电容器两端电压为_____，电阻的阻值 $R=$_____，放电的时间常数是_____。

6. 如果 LC 振荡电路中不存在能量损耗，则自由振荡为_____，任一时刻电路中的总能量都为_____，LC 振荡电路的振荡周期 $T=$_____。

二、判断题

题号	1	2	3	4	5
答案					

1. 对于参数不同的两个 RC 串联电路，用一大小相等的直流电压对其充电，两个电容器端电压达到稳定值的时间不同。

2. 三要素法只适用于含有一种储能元件的一阶线性电路过渡过程的分析和计算。

3. RL 串联电路中的电阻值越大，时间常数越大，过渡过程越长。

4. 当电路换路时，只有含储能元件的电路才会发生过渡过程。

5. 含储能元件的电路在脉冲信号的激励下，就会发生过渡过程。

三、单项选择题

1. 未充电的电容器在接通直流电源瞬间，它（　　　）。

    A．相当于开路　　B．相当于短路　　　C．电容量为零　　　　D．$U_C=E$

2. 下列各量中，（　　）可能发生跃变。

A．电容两端电压   B．电感中的电流

  C．电容器的电荷量   D．电感两端电压

3．关于 RC 电路的过渡过程，下列叙述不正确的是（ ）。

  A．RC 串联电路的零输入响应就是电容器的放电过程

  B．RC 串联电路的零状态响应就是电容器的充电过程

  C．初始条件不为 0，同时又有电源作用的情况下 RC 电路的响应称为全响应

  D．RC 串联电路的全响应不可以利用叠加定理进行分析

4．暂态电路中，能突变的量有（ ）。

  A．电感中的电流   B．电容两端电压

  C．能量   D．电阻中的电流及其两端电压

5．在 RC 充、放电电路中错误的是（ ）。

  A．电容器端电压、所储电荷及电场能都不能跃变

  B．充电开始瞬间，充电电流从零渐变到极限值

  C．充电结束后的稳态电流为零

  D．时间常数决定充、放电的快与慢

6．如图 9-1 所示电路，A、B 两灯相同，通电后亮度一样，在开关 S 断开瞬间，两灯表现为（ ）。

  A．A 灯先灭，B 灯后灭   B．B 灯先灭，A 灯后灭

  C．A、B 灯立即同时灭   D．A、B 灯稍后同时灭

7．如图 9-2 所示电路，当开关 S 闭合后，（ ）。

  A．电流表的读数由 0 增加到最大值，电压表的读数由最大值减少到 0

  B．两表读数的变化情况与 A 所述相反

  C．两表读数同时增大

  D．上述答案均不对

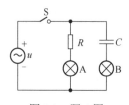   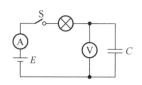

  图 9-1 题 6 图   图 9-2 题 7 图

8．如图 9-3 所示电路，灯泡的额定电压与电源电动势相等，电容的容量和耐压值均较大，当开关 S 合上时，下列说法正确的是（ ）。

  A．D_1 灯泡由亮逐渐变暗   B．D_2 灯泡一直不亮

  C．D_1 灯泡立即亮   D．D_2 灯泡由暗逐渐变亮

9．如图 9-4 所示电路，开关 S 闭合前，电容器未充过电，那么 S 闭合瞬间，电容器两端的电压和通过的电流是（ ）。

  A．0V 和 0A   B．10V 和 0A   C．0V 和 5A   D．10V 和 5A

10．在图 9-5 所示电路中，已知 E_1=30V，E_2=10V，R_1=26Ω，R_2=4Ω，R_3=8Ω，R_4=2Ω，

$C=2\mu F$。则下列结论中正确的是（　　　）。

    A．电容器所带电荷量为 $4\times10^{-6}C$　　　　B．电容器不带电，$U_{ab}=0V$

    C．电容器所带电荷量为 $2\times10^{-6}C$　　　　D．U_{ab} 为负值

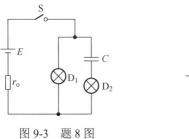

图 9-3　题 8 图

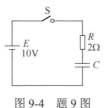

图 9-4　题 9 图

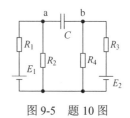

图 9-5　题 10 图

四、计算题

1．在图 9-6 所示电路中，电压表内阻为 $1k\Omega$，开关 S 闭合一段时间后，以及开关 S 断开的一瞬间，电压表上的电压各为多少？

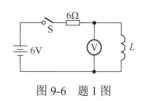

图 9-6　题 1 图

2．如图 9-7 所示电路，已知开关 S 打开前电路处于稳定状态，$R_1=1k\Omega$，$R_2=2k\Omega$，$U=12V$，$C=10\mu F$，求开关 S 打开后的 u_C。

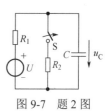

图 9-7　题 2 图

3．图 9-8 所示电路在换路前已处于稳定状态。在 $t=0$ 时，合上开关 S。试求：$u_C(0_-)$，$u_C(0_+)$，$i_C(0_+)$，$i_1(0_-)$ 和 $i_1(0_+)$。

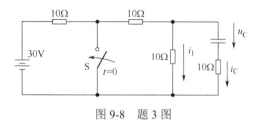

图 9-8　题 3 图

4．在图 9-9 所示电路中，设换路前电路已处于稳态。试确定电路中各变量的初始值 $u_C(0_+)$、$i(0_+)$、$i_2(0_+)$、$i_c(0_+)$、$u_{R1}(0_+)$、$u_{R2}(0_+)$。

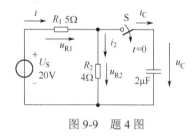

图 9-9　题 4 图

5．如图 9-10 所示电路，已知 $U=300V$，$R_o=150\Omega$，$R=50\Omega$，$L=2H$，在开关 S 闭合前电路已处于稳态，$t=0$ 时将开关 S 闭合，求开关闭合后电流 i 和电压 u_L 的变化规律。并求电感达到稳态约需要多长时间？

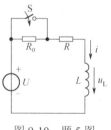

图 9-10　题 5 图

电工技术基础综合测试卷【一】

时量：90 分钟　　总分：100 分

一、填空题（每空 2 分，共计 30 分）

1．用电压表和电流表测量某电感线圈的 R、L 值：当接上 6V 的直流电源时，测得线圈的电流为 0.06A；当接上 220V、50Hz 交流电源时测得线圈电流为 0.22A；则该线圈的电阻 $R=$＿＿＿＿＿Ω，电感 $L=$＿＿＿＿＿。

2．如图综 1-1 所示为某系统方框图，问：总功率 $P=$＿＿＿＿W；无功功率 $Q=$＿＿＿＿var；视在功率 $S=$＿＿＿＿VA；功率因数 $\cos\varphi=$＿＿＿＿。

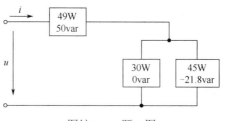

图综 1-1　题 2 图

3．当发电机的三相绕组连接成 Y 形时，设线电压 $u_{\mathrm{UV}}=380\sqrt{2}\sin(\omega t-30°)\mathrm{V}$，则相电压 u_{U} 的瞬时值表达式为 $u_{\mathrm{U}}=$＿＿＿＿＿＿＿＿＿。

4．变压器在运行中的损耗主要包括：①原、副绕组中的＿＿＿＿＿＿所消耗的功率；②铁心中的＿＿＿＿＿损耗和＿＿＿＿＿损耗。

5．一台四极异步电动机，通入工频三相交流电，若转差率 $S=4\%$，则电动机的转速为＿＿＿＿r/min，同步转速为＿＿＿＿r/min。

6．为了防止触电，通常电气设备的金属外壳采用＿＿＿＿＿或＿＿＿＿＿的措施。

7．引起电路产生过渡过程的内因是＿＿＿＿＿＿＿＿＿＿。

二、单项选择题（每小题 2 分，共 20 分）

1．如图综 1-2 所示电路，若 $I=I_1+I_2$，则 R_1、R_2、C_1、C_2 之间的关系应满足（　　）。

A．$R_1C_1=R_2C_2$　　B．$C_1=C_2$，$R_1\neq R_2$

C．$R_1C_2=R_2C_1$　　D．$R_1=R_2$，$C_1\neq C_2$

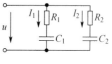

图综 1-2　题 1 图

2．在已知 I_g 和 R_g 的表头上，并接一只电阻 R，则其电流量程扩大了（　　）倍。

A. $\dfrac{R_g}{R+R_g}$ B. $\dfrac{R+R_g}{R_g}$ C. $\dfrac{R}{R+R_g}$ D. $\dfrac{R+R_g}{R}$

3．下列关于伏安法测电阻的说法中，正确的是（ ）。

A．当待测电阻远大于电流表的电阻时，宜用外接法

B．当待测电阻远小于电压表的电阻时，宜用外接法

C．无论待测电阻的值如何，内接法，外接法均适宜

D．以上说法都不对

4．如图综1-3所示，将一条形磁铁插入线圈或将其从线圈中拔出，则电阻器 R 上电流方向正确的是（ ）。

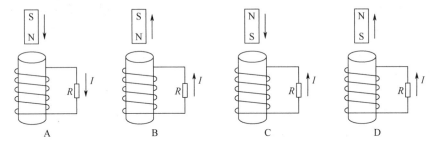

图综1-3 题4图

5．在三相异步电动机的正反转控制电路中，正转用接触器 KM₁ 和反转用接触器 KM₂ 之间的互锁作用是由（ ）实现的。

A．KM₁ 的线圈与 KM₂ 的常闭辅助触头串联，KM₂ 的线圈与 KM₁ 的常闭辅助触头串联

B．KM₁ 的线圈与 KM₂ 的常开辅助触头串联，KM₂ 的线圈与 KM₁ 的常开辅助触头串联

C．KM₁ 的线圈与 KM₁ 的常闭辅助触头串联，KM₂ 的线圈与 KM₂ 的常闭辅助触头串联

D．KM₁ 的线圈与 KM₁ 的常开辅助触头串联，KM₂ 的线圈与 KM₂ 的常开辅助触头串联

6．阻值为 R 的两个电阻串联接在电压为 U 的电路中，每个电阻获得的功率为 P；若将两个电阻改为并联，仍接在电压为 U 的电路中，则每个电阻获得的功率为（ ）。

A．P B．2P C．4P D．$\dfrac{P}{2}$

7．如图综1-4所示电路，属于电感性电路的是（ ）。

A．R=10Ω X_L=14Ω X_C=8Ω

B．R=10Ω X_L=8Ω X_C=14Ω

C．R=10Ω X_L=8Ω X_C=8Ω

D．R=10Ω X_L=10Ω X_C=10Ω

图综1-4 题7图

8. 如图综 1-5 所示电路，电源负载采用 Y/△连接，电源相电压为 220V，各相负载对称，阻抗均为 110Ω，则下列叙述中正确的是（　　　）。

A．加在负载上的电压为 220V

B．各相负载的相电流均为 $\frac{38}{11}$A

C．电路中的线电流为 $\frac{76}{11}$A

D．电路中的线电流为 $\frac{38}{11}$A

9. 如图综 1-6 所示的理想变压器，下面结论中错误的是（　　　）。

A．$U_1:U_2=N_1:N_2$；$U_2:U_3=N_2:N_3$

B．$I_1:I_2=N_2:N_1$；$I_1:I_3=N_3:N_1$

C．$N_1I_1=N_2I_2+N_3I_3$

D．$U_1I_1=U_2I_2+U_3I_3$

10. 如图综 1-7 所示电路，$R_1=1\Omega$，$R_2=R_3=2\Omega$，$L=2H$，$U=2V$，开关长期合在 1 的位置，当将开关合到 2 的位置后（　　　）。

A．$i_L(0_+)=\frac{2}{3}$A，$i_L(\infty)=0$A，$\tau=0.5$s

B．$i_L(0_+)=0$A，$i_L(\infty)=\frac{2}{3}$A，$\tau=\frac{2}{3}$s

C．$i_L(0_+)=\frac{2}{3}$A，$i_L(\infty)=\frac{2}{3}$A，$\tau=\frac{2}{3}$s

D．$i_L(0_+)=\frac{1}{2}$A，$i_L(\infty)=\frac{1}{2}$A，$\tau=0.5$s

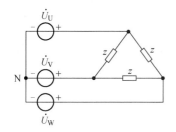

图综 1-5　题 8 图

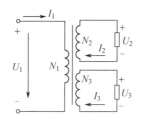

图综 1-6　题 9 图

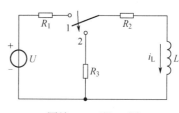

图综 1-7　题 10 图

三、计算题（35 分）

1. 已知 $E_1=8$V、$I_{S1}=4$A、$I_{S2}=3$A、$I_{S3}=4.5$A、$R_1=R_2=4\Omega$、$R_3=3\Omega$、$R_4=5\Omega$，试用电源等效变换的方法求图综 1-8 所示电路中 R_4 的电流 I_4。（10 分）

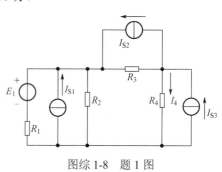

图综 1-8　题 1 图

2．如图综 1-9 所示电路，已知 $C_1=10\mu F/50V$，$C_2=30\mu F/60V$，$C_3=50\mu F/150V$。求：

（1）等效电容 C 为多少？（4 分）

（2）求最大安全工作电压 U 为多少？（6 分）

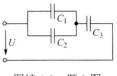

图综 1-9　题 2 图

3．有一星形连接的三相负载，每相的电阻 $R=6\Omega$，感抗 $X_L=8\Omega$，在该对称三相电源上，设 $u_{UV}=380\sqrt{2}\sin(\omega t+30°)V$，求相电流 i_U、i_V、i_W。（15 分）

四、综合题（15 分）

如图综 1-10（a）所示电路，已知 $L=750mH$，当线圈中通过电流的波形如图综 1-10（b）所示时，试作出 u_L 的波形。（15 分）

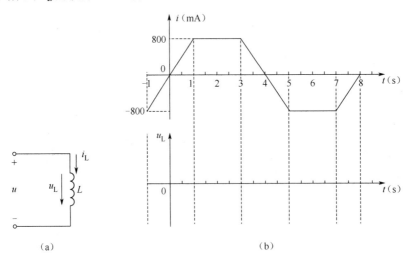

（a）　　　　　　　　　　　　　　（b）

图综 1-10　综合题图

电工技术基础综合测试卷【二】

时量：90 分钟　　　总分：100 分

一、填空题（每空 2 分，共计 30 分）

1. 如图综 2-1 所示将含源二端网络等效为一个电压源，该电压源电动势 E_0 =_____，内阻 R_0 =_____Ω。

2. 将电容量为 50μF 的电容器充电到 100V，这时电容器存储的电场能是_____J；若将该电容器继续充电到 250V，则电容器将增加_____J 电场能。

3. 有一空心环形螺旋线圈的平均周长为 31.4cm，截面积为 25cm^2，线圈共绕有 1000 匝。若在线圈中通入 2A 的电流，则该磁路的磁阻为_____，通过线圈的磁通为_____。

4. 自感线圈的横截面积为 20cm^2，共 100 匝，通入图综 2-2 所示电流，在前 2s 内产生的感应电动势为 1V，则线圈的自感系数为_____H，1s 末线圈内部的磁感应强度为_____T，第 3～4s 内线圈的自感电动势为_____V，第 4～5s 内线圈的自感电动势为_____V。

图综 2-1　题 1 图　　　　　　　　　图综 2-2　题 4 图

5. 已知某交流电路，电源电压 $u = 100\sqrt{2}\sin(\omega t - 30°)$V，电路中通过的电流 $i = \sqrt{2}\sin(\omega t - 90°)$A，则电压和电流的相位差是_____，电路的功率因数 $\cos\varphi$=_____，电路消耗的有功功率 P=_____，无功功率 Q=_____，视在功率 S=_____。

二、单项选择题（每小题 2 分，共 20 分）

1. 万用表测试完毕后，应将转换开关旋到最高（　　　）。
   A. 交流电流挡　　　　　　　　　　B. 直流电流挡
   C. 交流电压挡　　　　　　　　　　D. 直流电压挡

2. 如图综 2-3 所示电路，高内阻电压表的读数为 16V，则电源电压 E_x 为（　　　）。
   A. 2V　　　　　B. 4V　　　　　C. 8V　　　　　D. 16V

3．电容 $C_1=C_2=C_3=C_4=100\mu F$，串联后接在电压为 U 的电源上工作，其存储的总电荷量为 $5×10^{-3}C$，若将这四只电容器并联后接在同一电源上工作，则存储的总电荷量为（　　　）。

  A．$5×10^{-3}C$ B．$8×10^{-3}C$

  C．$5×10^{-2}C$ D．$8×10^{-2}C$

4．如图综 2-4 所示电路，电感储存的能量 $W_L=$（　　　）。

  A．1J   B．2J   C．2.5J   D．3J

    图综 2-3 题 2 图

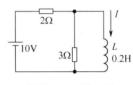
    图综 2-4 题 4 图

5．要使图综 2-5 所示的矩形回路中产生逆时针方向的感应电流，则其上方的通电导线（　　　）。

  A．向左移动   B．向右移动

  C．向上移动   D．向下移动

6．铁心是变压器的磁路部分，为了（　　　），铁心采用表面涂有绝缘漆或氧化膜的硅钢片叠装而成。

  A．增加磁阻，减小磁通   B．减小磁阻，增加磁通

  C．减小涡流和磁滞损耗   D．减小体积，减轻质量

7．在如图综 2-6 所示的电路中 u_i 与 u_o 的相位关系为（　　　）。

  A．u_i 超前 u_o B．u_i 滞后 u_o

  C．二者同相   D．二者反相

8．如图综 2-7 所示正弦交流电路，已知 $U=48V$，$f=50Hz$，$R=6\Omega$，$X_L=8\Omega$，要求 S 接通前后电流表的读数不变，则必须使 X_C 为（　　　）。

  A．4Ω B．10Ω C．16Ω D．14Ω

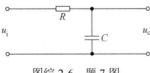
  图综 2-5 题 5 图   图综 2-6 题 7 图

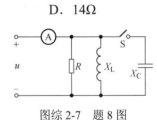
  图综 2-7 题 8 图

9．用额定电压为 220V 的灯泡组成三相对称负载，接在线电压为 380V 的三相对称电源上，灯泡应为（　　　）。

  A．星形连接   B．三角形连接

  C．星形连接带中线   D．星形或三角形连接

10．变压器原、副边绕组的匝数比为 10：1，副绕组自身的电阻为 0.5Ω，它接有一个 20V、100W 的电阻，不考虑原绕组与铁心的能量损耗，这个变压器的初级电压应为（　　　）。

  A．200V   B．210V

  C．220V   D．225V

三、计算题（35分）

1. 计算图综 2-8 所示电路各支路电流。已知 G_1=0.1s，G_2=0.2s，G_3=0.4s，G_4=0.05s，G_5=0.25s。（10分）

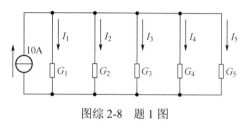

图综 2-8　题 1 图

2. 如图综 2-9 所示电路，已知 $I_1=I_2$=10A，U=100V，u 与 i 同相。试求 I、R、X_C 及 X_L 的数值。（10分）

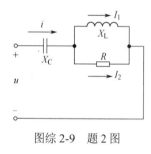

图综 2-9　题 2 图

3. 如图综 2-10 所示，有一台电阻为 1Ω 的发电机，供给一学校照明用电，如升压变压器的匝数比为 1：4，降压变压器的匝数比为 4：1，输电线的总电阻 r_2 为 4Ω，全校共有 22 个班，每个班有 220V，40W 灯 6 盏，若保证全部电灯正常发光，则：

（1）发电机输出功率有多大？（5分）

（2）发电机电动势多大？（5分）

（3）输电效率是多少？（5分）

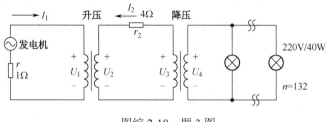

图综 2-10 题 3 图

四、综合题（15分）

如图综 2-11 所示，当可变电阻触点 M 向左移动时：

（1）标出 L_2 上感应电流的方向；（5分）

（2）指出 AB、CD 相互作用力的方向；（5分）

（3）指出线圈 GHJK 的转动方向。（5分）

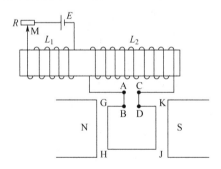

图综 2-11 综合题图

电工技术基础综合测试卷【三】

时量：90分钟　　总分：100分

一、填空题（每空 2 分，共计 30 分）

1. 在惠斯通电桥测电阻实验中，常把待测电阻和电阻箱对调重复实验，取两次平均值作为测量结果，这是为了减少_____误差。

2. 在 RLC 串联单相正弦交流电路中，$R=20\Omega$、$L=0.25mH$、$C=40pF$，则此电路的谐振角频率 $\omega=$_____rad/s。

3. 一座发电站以 220kV 的高压输送给负载 4.4×10^5kW 的电力，如果输电线路的总电阻为 10Ω。当负载的功率因数由 0.5 提高到 0.8 时，输电线路一天可以少损失电能_____kWh。

4. 如图综 3-1 所示为双踪示波器 u_1 和 u_2 的波形，面板开关选择：Y 轴，2V/格；X 轴：1ms/格。则 u_1 的周期是_____，若 u_2 的初相位为 0°，则 u_2 的解析式为 $u_2=$_____V、u_1 的解析式为_____V。

5. 一个电流计的内阻为 2kΩ，允许通过的最大电流为 100μA，若把它改装成 5V 的电压表，应串联的电阻阻值为_____；若把它改装成 5A 的电流表，应并联的电阻阻值为_____。

6. 如图综 3-2 所示电路，当 $R_L=$_____时，能获得的最大功率，其功率值 $P_{max}=$_____。

7. 如图综 3-3 所示电路，i 的参考方向为 A→B，电流表正偏，电压表反偏，这表示_____为同名端。

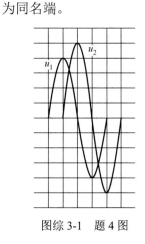

图综 3-1　题 4 图

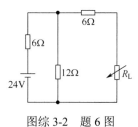

图综 3-2　题 6 图

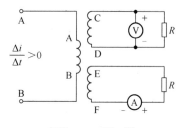

图综 3-3　题 7 图

8. 对于 RC 电路，如果在电容器 C 两端再并联一个电阻，电路的时间常数将会_____；对于 RL 电路，如果在电感 L 两端再并联一个电阻，电路的时间常数将会

_____。

9. 电动机是利用_____原理,把_____,输出机械转矩的原动机。

二、单项选择题(每小题 2 分,共计 20 分)

1. 图综 3-4 是同一坐标系中画出的 a、b、c 三个电池的 U、I 图像,其中 a 和 c 的图像平行。据此,下列判断中正确的是( )。

  A. $E_a<E_b$ $r_a=r_b$ B. $E_b=E_c$ $r_c>r_b$ C. $E_a<E_c$ $r_a=r_c$ D. $E_a=E_c$ $r_b>r_b$

2. 有一电源,当它的外电路上的电阻分别是 4Ω 和 9Ω 时,外电路的电功率是相等的,则这个电源的内阻应是( )。

  A. 4Ω   B. 9Ω   C. 6Ω   D. 12Ω

3. 如图综 3-5 所示电路,当 $C_1>C_2>C_3$ 时,它们两端电压的关系是( )。

  A. $U_1=U_2=U_3$ B. $U_1>U_2>U_3$ C. $U_1<U_2<U_3$ D. 不能确定

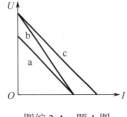 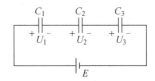

图综 3-4 题 1 图   图综 3-5 题 3 图

4. 如图综 3-6 所示,当 S 闭合瞬间,B 线圈中 a、b 电位关系为( )。

  A. $V_a<V_b$ B. $V_a>V_b$ C. $V_a=V_b$ D. 不能确定

5. 如图综 3-7 所示,$R_1=6Ω$、$R_2=3Ω$、$B=6T$、$L=1m$ 的导体 AB($r=2Ω$),以 4m/s 的速度向右进行无摩擦的滑动,则电阻 R_1 中的电流 I_1 为( ),电阻 R_2 中的电流 I_2 为( )。

  A. 2A   B. 3A   C. 4A   D. 5A

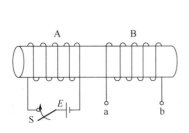 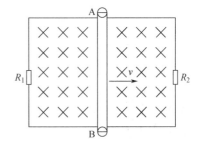

图综 3-6 题 4 图   图综 3-7 题 5 图

6. 在 RLC 并联电路中,激励频率为 f 时发生谐振,则频率为 $2f$ 时电路为( )。

  A. 电阻性质 B. 电感性   C. 电容性   D. 纯电阻性

7. 有一容量为 3000kVA 的单相电力变压器,输出电压为 220V,可供 "220V/100kW",$\eta=85\%$,$\cos\varphi=0.866$ 的单相电动机( )台使用。

  A. 16   B. 19   C. 22   D. 28

8. 如图综 3-8 所示三相异步电动机的正反转控制的全电路,正确的接法是( )。

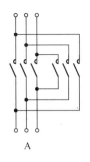 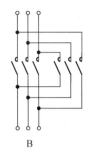 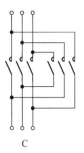

A   B   C

图综 3-8 题 8 图

9. 在变比 $n=4$ 的变电压器的原线圈上加 $u = 2828\sin(100\pi t + \dfrac{\pi}{2})$V 的交流电压，则在副线圈两端用交流电压表测得的电压是（   ）。

    A．440V   B．707V   C．500V   D．1000V

10. 如图综 3-9 所示，开关 S 原先合在 1 端已处于稳态，在 $t=0$ 时，将开关从 1 端扳到 2 端，换路后的初始值为（   ）。

    A．$i_L(0_+) = 1$A，$i_2(0_+) = 2$A，$u_L(0_+) = 4$V

    B．$i_L(0_+) = 2$A，$i_2(0_+) = 2$A，$u_L(0_+) = 0$V

    C．$i_L(0_+) = 0$A，$i_2(0_+) = -2$A，$u_L(0_+) = 8$V

    D．$i_L(0_+) = 2$A，$i_2(0_+) = -2$A，$u_L(0_+) = -8$V

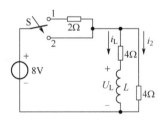

图综 3-9 题 10 图

三、计算题（35 分）

1. 用支路法求图综 3-10 所示电路各支路电流。（10 分）

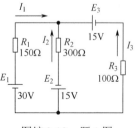

图综 3-10 题 1 图

2. 如图综 3-11 所示正弦交流电路，已知电容 $C=25\mu F$，电阻 $R=30\Omega$，问当 $\omega=1000rad/s$ 时，常使用多大的电感才能使整个电路的电抗为零？（10 分）。

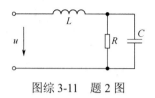

图综 3-11　题 2 图

3. 如图综 3-12 所示电路在换路前已处于稳态，$t=0$ 时合上开关 S，试求 $i_{2(t)}$、$i_{c(t)}$。（15 分）

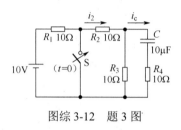

图综 3-12　题 3 图

四、综合题（15 分）

如图综 3-13 所示，试求：

（1）将下列器材连接起来，画出完整的日光灯电路；（8 分）

（2）说明镇流器及启辉器的作用。（7 分）

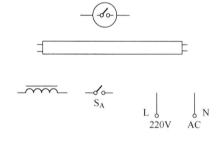

图综 3-13　综合题图

电工技术基础综合测试卷【四】

时量：90 分钟　　总分：100 分

一、填空题（每空 2 分，共计 30 分）

1. a、b、c 为电场中的三点，将 $q=2\times10^{-6}C$ 的负电荷从 a 点移到 c 点，电场力做功为 1×10^{-5} J，则 $U_{ac}=$ _____V；设 b 点电位为 0V，$V_c=10V$，则 $V_a=$ _____V。

2. 如图综 4-1 所示电路，R_L 能获得最大功率 $P_{max}=$ _____W。

3. 如图综 4-2 所示电路，开关 S 断开前电路已处于稳态。$t=0$ 时断开开关 S，则 $u_C(0_+)=$ _____V，大约经过 _____的时间后，$u_C=u_C(\infty)=$ _____V。

4. 三只电阻的额定值分别为"20Ω/10W"、"20Ω/5W"、"100Ω/25W" 若将三只电阻串联使用，两端可加的最高电压为 _____V。

5. 有一单相变压器的额定容量为 400VA，初级线圈额定电压为 220V，次级线圈额定电流为 10A，则 $\dfrac{N_1}{N_2}=$ _____。

6. RLC 串联电路接在电压 $U=10V$，$\omega=10^4$rad/s，初相为 60° 的电源上。调节电容使电路的电流达到最大值 100mA，此时测得电容器上电压为 60V，则 $R=$ _____，$C=$ _____，$L=$ _____。

7. 如图综 4-3 所示电路，已知电压 $u=180\sin(\omega t-30^o)$V，$R=6\Omega$，$X_L=10\Omega$，$X_C=18\Omega$，则：A 表 = _____；$i=$ _____；V 表 = _____；$u_C=$ _____V；W 表 = _____W。

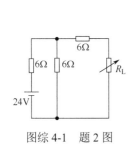

图综 4-1　题 2 图

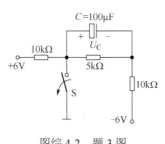

图综 4-2　题 3 图

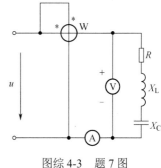

图综 4-3　题 7 图

二、单项选择题（每小题 2 分，共计 20 分）

1. 如图综 4-4 所示电路，R_1 为定值电阻，R_2 为负温度系数的热敏电阻，L 为小灯泡。当温度降低时（　　）。

A．R_1 两端电压增大 　　　　　　B．电流表的示数增大

C．小灯泡的亮度增大 　　　　　　D．小灯泡的亮度减小

2．如图综 4-5 所示电路，已知 $R=10\Omega$，$R_0=30\Omega$，$U=32V$，则 $I=$（　　）。

A．$-0.4A$ 　　　　B．$-1A$ 　　　　C．$0.4A$ 　　　　D．$1A$

3．如图综 4-6 所示电路，已知 $R_1=2R_2$，$C_1=2C_2$，当电路进入稳态后，将开关 S 闭合，则此时（　　）。

A．有电流从 A 流向 B 　　　　　　B．有电流从 B 流向 A

C．无电流流过 　　　　　　　　　　D．电流流向不定

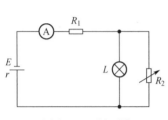
图综 4-4　题 1 图

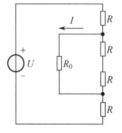
图综 4-5　题 2 图

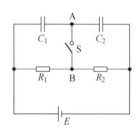
图综 4-6　题 3 图

4．变压器的各种损耗中，铁损的大小取决于（　　）。

A．初级绕组中电流的大小 　　　　B．交流电频率的高低

C．变压器原边电压的高低 　　　　D．变压器副边电压的高低

5．如图综 4-7 所示 1、2 和 3、4 分别为变压器原、副边绕组的接线端，合上开关 Q 后，若毫安表向负方向偏转，则（　　）。

A．1 和 3 为同名端 　　　　　　　B．1 和 4 为同名端

C．2 和 4 为同名端 　　　　　　　D．不能依此确定同名端

6．在图综 4-8 所示电路中，若使输入电压 u_1 与输出电压 u_2 同相，则角频率 ω 与电路元件参数应满足（　　）。

A．$\omega=\dfrac{1}{\sqrt{RC}}$ 　　B．$\omega=\sqrt{RC}$ 　　C．$\omega=\dfrac{1}{RC}$ 　　D．$\omega=RC$

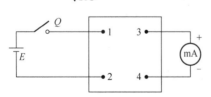
图综 4-7　题 5 图

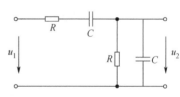
图综 4-8　题 6 图

7．交变电流通过一段长直导线时电流为 I，如果把这长直导线绕成线圈，再接入原电路，通过线圈的电流为 I'，则有（　　）。

A．$I'>I$ 　　　　B．$I'<I$ 　　　　C．$I'=I$ 　　　　D．无法确定

8．为使电容式单相异步电动机反转，采用正确的方法是（　　）。

A．将两根电源进线对调 　　　　　B．将转子抽出掉转 180° 后再装入

C．将工作绕组或起动绕组的首尾对调　D．将工作绕组和起动绕组的首尾对调

9. 已知电容的充电电压时间常数 $\tau=RC=10\mu s$，电源电压 $E=10V$，则经过（　　）后电容两端的电压可达 5V。

　　A. $40\mu s$ 　　　　　　B. $10\mu s$ 　　　　　　C. $7\mu s$ 　　　　　　D. $5\mu s$

10. 一台 100VA，380/110/110V 的多绕组变压器，按图综 4-9 通电后，将会出现什么现象？（　　）。

　　A. 灯泡不亮，绕组冒烟

　　B. 正常

　　C. 灯丝烧断，绕组冒烟

　　D. 灯泡亮，绕组冒烟

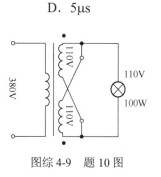

图综 4-9　题 10 图

三、计算题（35 分）

1. 如图综 4-10 所示电路，已知 $u_C = 100\sqrt{2}\sin\omega t\,V$，求：（1）$i_1$、$i_2$、$i$；（2）电路的 P、Q、S、$\cos\varphi$。（15 分）

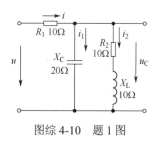

图综 4-10　题 1 图

2. 如图综 4-11 所示电路，某三层大楼采用三相四线供电，$U_L=380V$，每层楼均有 220V，40W 的白炽灯 110 只，分别接在 U、V、W 三相上。试求：

（1）三层楼电灯全部亮时，各相线电流和中性线电流；（4 分）

（2）当第一层楼电灯全部熄灭，且中性线断掉，二、三楼灯全部亮时，电灯两端的电压为多少？若关掉三楼的一半电灯，情况又如何？（6 分）

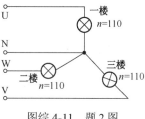

图综 4-11　题 2 图

3．如图综 4-12 所示，矩形线圈长 200mm，宽 100mm，匝数为 100 匝，在 $B=0.5$T 的匀强磁场中以 300r/min 的转速匀速旋转，求线圈从垂直于磁力线的方向转到平行于磁力线的方向时的感应电动势的平均值。（10 分）

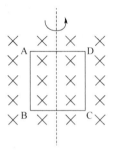

图综 4-12　题 3 图

四、综合题（15 分）

已知示波器 Y 轴偏转因数 D_Y 置于 0.5mV/div 挡，扫描时间因数 D_X 置于 0.1ms/div 挡，两者的微调均处于"校正位置"，X 轴扩展置于 10 倍的位置。现使用 10:1 探头观测频率为 25kHz，有效值为 10.6mV 的正弦波，问：

（1）Y 轴耦合选择开关应置于什么位置；（3 分）

（2）被测信号一个周期的水平长度为多少格？（6 分）

（3）被测信号垂直高度为多少格？（6 分）

电工技术基础综合测试卷【五】

时量：90 分钟　　总分：100 分

一、填空题（每空 2 分，共计 30 分）

1. 欲输送 33kW 电力至 500m 处，如果用单相 220V 电压，50mm² 截面积的铜导线，则线路上损耗的功率是＿＿＿＿＿＿＿W。（铜：$\rho=1.75\times10^{-8}\Omega.m$）

2. 有一交流电压 $u=100\sqrt{2}\sin(324t+\dfrac{\pi}{6})$V，加在一阻抗为 50Ω，功率因数 $\cos\varphi=0.5$ 的感性负载的两端，其负载电流的表达式为 $i=$＿＿＿＿＿＿＿＿＿A。

3. 如图综 5-1 所示电路，已知 $U=150$V、$R=50\Omega$、$X_C=25\Omega$、$\cos\varphi=0.6$，则 $X_L=$＿＿＿＿＿＿Ω、$P=$＿＿＿＿＿＿W、$Q=$＿＿＿＿＿＿var、$S=$＿＿＿＿＿＿VA。

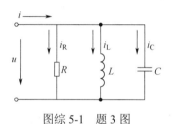

图综 5-1　题 3 图

4. 三相变压器的副边绕组作星形连接，已知 $u_W=220\sqrt{2}\sin314t$V。则 $u_{UV}=$＿＿＿＿＿V；$u_{WV}=$＿＿＿＿＿V；$u_{UW}=$＿＿＿＿＿V。

5. 感抗的大小与谐波次数成＿＿＿＿＿＿；容抗的大小与谐波次数成＿＿＿＿＿＿。

6. 非正弦电压 $u=\dfrac{2U_m}{\pi}(\dfrac{1}{2}+\dfrac{1}{4}\sin\omega t-\dfrac{1}{3}\cos2\omega t-\dfrac{1}{15}\cos4\omega t+\cdots\cdots)$V，其直流成分为＿＿＿＿＿V，四次谐波为＿＿＿＿＿＿＿V。

7. 通常电压互感器副绕组的额定电压均设计为同一标准值，即＿＿＿＿＿＿V。

8. 通常电流互感器副绕组的额定电流均设计为同一标准值，即＿＿＿＿＿＿A。

二、单项选择题（每小题 2 分，共计 20 分）

1. 如图综 5-2 所示电路，已知 $I_1=11$mA，$I_4=12$mA，$I_5=6$mA，则（　　）。
   A. $I_2=-7$mA，$I_3=-5$mA，$I_6=18$mA
   B. $I_2=-7$mA，$I_3=5$mA，$I_6=18$mA
   C. $I_2=-7$mA，$I_3=10$mA，$I_6=18$mA
   D. $I_2=7$mA，$I_3=5$mA，$I_6=18$mA

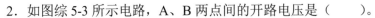
2．如图综 5-3 所示电路，A、B 两点间的开路电压是（   ）。

A．10V　　　　　　B．18V　　　　　　C．–2V　　　　　　D．8V

3．如图综 5-4 所示电路，$R_1=200\Omega$、$R_2=500\Omega$、$C_1=1\mu F$，若 A、B 两点电位相等，则 C_2 的容量为（   ）。

A．$2\mu F$　　　　B．$5\mu F$　　　　C．$\dfrac{2}{5}\mu F$　　　　D．$\dfrac{5}{2}\mu F$

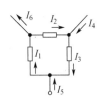　　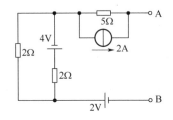　　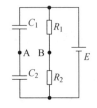

图综 5-2　题 1 图　　　　　图综 5-3　题 2 图　　　　　图综 5-4　题 3 图

4．如图综 5-5 所示，闭合电路 A、B、C、D 竖直放置在匀强磁场中，磁场方向垂直纸面向外，AB 段可沿导轨自由向下滑动，当 AB 由静止开始向下滑动时，则（   ）。

A．A 端电位较低，B 端电位较高

B．AB 段在磁场力作用下，以小于 g 的加速度下滑

C．AB 段在磁场力作用下，速度逐渐减小

D．AB 段在磁场力作用下，速度逐渐增加

5．如图综 5-6 所示，在一长直导线中通过电流 I，线框 abcd 在纸面内向右平移，线框内（   ）。

A．没有感应电流产生　　　　　　　B．不能确定

C．产生感应电流，方向是 adcba　　　D．产生感应电流，方向是 abcda

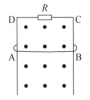　　　　　　　　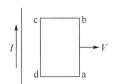

图综 5-5　题 4 图　　　　　　　　图综 5-6　题 5 图

6．某正弦电流，其最大值为 10A，$f=50Hz$，取瞬时值分别为 –10A、–6A、0A、8A，作为计时起点时，顺序对应下列各瞬时值解析式错误的是（   ）。

A．$i=10\sin(314t-90°)A$　　　　　B．$i=10\sin(314t-143.1°)A$

C．$i=10\sin314tA$　　　　　　　　D．$i=10\sin(314t+60°)A$

7．在正弦交流电路中，纯电感元件上的电压若为 $u_{\mathrm{L}}=U_{\mathrm{m}}\sin(\omega t-\dfrac{\pi}{2})V$，则其电流应为（   ）。

A．$i_{\mathrm{L}}=\dfrac{U_{\mathrm{m}}}{\omega L}\sin(\omega t-\dfrac{\pi}{2})A$　　　　　　B．$i_{\mathrm{L}}=U_{\mathrm{m}}\omega L\sin(\omega t+\pi)A$

C. $i_L = U_m \omega L \sin(\omega t + \dfrac{\pi}{2})A$ 　　　　　　D. $i_L = \dfrac{U_m}{\omega L} \sin(\omega t - \pi)A$

8. 某鼠笼式三相异步电动机的额定电压为 220/380V，接法△/Y。若采用 Y−△形转换降压起动，则起动时每相定子绕组的电压是（　　）。

　　A．380V　　　　　　B．220V　　　　　　C．127V　　　　　　D．110V

9. 如图综 5-7 所示，变压器的输入电压 U 一定，两个二次绕组的匝数是 N_2 和 N_3，当把电热器接 a、b 而 c、d 空载时，电流表的读数是 I_1；当把同一电热器接 c、d 而 a、b 空载时，电流表的读数为 $I_1{}'$，则 $I_1 : I_1{}'$ 为（　　）。

　　A．$N_2 : N_3$　　　　B．$N_3 : N_2$　　　　C．$N_2{}^2 : N_3{}^2$　　　　D．$N_3{}^2 : N_2{}^2$

10. 如图综 5-8 所示电路，开关 S 闭合后，电路的时间常数是（　　）。

　　A．$(R_1 + \dfrac{R_2 R_3}{R_2 + R_3})C$　　　　　　　　B．$(\dfrac{R_1 R_2}{R_1 + R_2} + R_3)C$

　　C．$\dfrac{R_2 R_3}{R_2 + R_3} C$　　　　　　　　　　　D．$\dfrac{R_1 R_2}{R_1 + R_2} C$

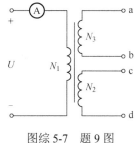
图综 5-7　题 9 图

图综 5-8　题 10 图

三、计算题（35 分）

1. 如图综 5-9 所示的有源二端线性网络 N，测得 A、B 间的开路电压 $U_{AB}=18V$，当 A、B 两端接一个 9Ω 电阻时，流过该电阻的电流为 1.8A；现将这个有源二端网络 N 连接成图示电路，求它的输出电流 I 是多少？（15 分）

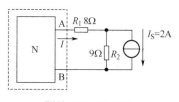
图综 5-9　题 1 图

2. 如图综 5-10 所示电路，已知 $U_{S1}=U_{S2}=30V$，$R_1=4\Omega$，$R_2=6\Omega$，$R_3=12.6\Omega$，$R_4=10\Omega$，$R_5=6\Omega$，$R_6=4\Omega$ 求通过 R_3 的电流 I_3（运用叠加定理求解）（10 分）

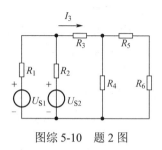

图综 5-10　题 2 图

3. 如图综 5-11 所示电路，开关打开已久，在 $t=0$ 时刻，开关闭合，求：u_c、i_c 的表达式并画出其曲线。（10 分）

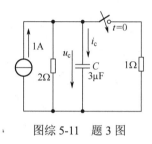

图综 5-11　题 3 图

四、综合题（15 分）

电动机的连接：已知 A 电动机的定子绕组工作电压为 220V，B 电动机定子绕组的工作电压为 380V，试在图综 5-12 中正确连线。

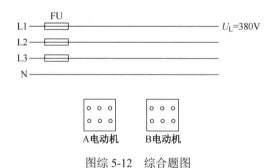

图综 5-12　综合题图

电工技术基础综合测试卷【六】

时量：90 分钟   总分：100 分

一、填空题（每空 2 分，共计 30 分）

1. 一个空气平行板电容器充电完毕后与电源断开，将两极板间距离增大 1 倍，则两极板间电压_____。

2. 在磁场中作切割磁力线的导体，将产生感应电动势，其大小用公式_____计算，其方向用_____判断。

3. 一个 RLC 串联电路谐振时，外加电压的有效值为 10V，品质因数为 50，则电容的耐压值应不低于_____。

4. 一只"220V/100W"的灯泡，接在图综 6-1 所示交流电路中，则灯泡获得的功率为_____W。

5. 在收音机电路中，常常采用_____谐振电路选择所要接收的电台信号。

6. 如图综 6-2 所示电路，电流表内阻 R_g=600Ω，I_g=400μA，R_1=300Ω，R_2=9800Ω。则开关 S 断开即改装成_____表，量程为_____；开关 S 闭合即改装成_____表，量程为_____。

7. 如图综 6-3 所示电路，则 U_{bc}=_____V，U_{ac}=_____V。

图综 6-1 题 4 图   图综 6-2 题 6 图   图综 6-3 题 7 图

8. 已知某负载两端电压 $u = 6\sqrt{2}\sin(314t + 60°)$V，流过的电流为 $i = 3\sqrt{2}\sin(314t + 30°)$A，则负载阻抗 $|Z|$=_____Ω，负载电阻 R=_____Ω，负载的无功功率 Q=_____var。

二、单项选择题（每小题 2 分，共计 20 分）

1. 如图综 6-4 所示电路，有 5 个方框，其电压极性和电流方向如图中所标定，则代表电动势的方框是（   ）。

   A. 1、3   B. 3、5   C. 1、5   D. 2、4

2. 在图综 6-5 所示电路中，E_1=10V，E_2=25V，R_1=5Ω，R_2=10Ω，I=3A，则 I_1 与 I_2 分

别是（   ）。

    A．1A、2A   B．2A、1A   C．3A、0A   D．0A、3A

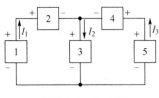

图综 6-4　题 1 图

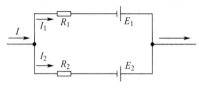

图综 6-5　题 2 图

3．有三个容量分别为 C、$2C$、$3C$ 的电容器，串接在 660V 的电路中，则容量为 $2C$ 的电容器分得的电压为（   ）。

    A．96V   B．120V   C．180V   D．360V

4．如图综 6-6 所示，两个闭合铝环挂在一根水平光滑的绝缘杆上，当条形磁铁 N 极向左插向圆环时，两圆环的运动是（   ）。

    A．边向左移边分开   B．边向右移边分开

    C．边向左移边靠拢   D．边向右移动靠拢

5．如图综 6-7 所示电路，A_1、A_2、A_3 的读数分别为 5A、8A、4A，则 A 的读数为（   ）。

    A．15A   B．8A   C．5A   D．4A

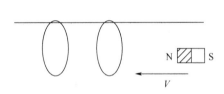

图综 6-6　题 4 图

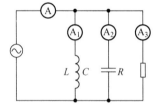

图综 6-7　题 5 图

6．铁心上有两个线圈，把它们和一个干电池连接起来。已知线圈的电阻比电池的内阻大得多，如图综 6-8 所示，磁性最强的接法是（   ）。

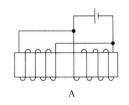
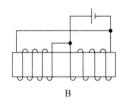
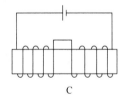
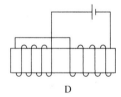

图综 6-8　题 6 图

7．在某超外差式收音机中，本机振荡的选频电路 L=0.1mH、C=1μF，则本机振荡输出信号频率约为（   ）。

    A．1MHz   B．50Hz   C．15.9kHz   D．直流信号

8．三相异步电动机在运行时出现一相电源断电，对电动机带来的影响主要是（   ）。

    A．电动机立即停转   B．电动机转速降低，温度升高

    C．电动机出现振动及异声   D．电动机立即烧毁

9. 如图综 6-9 所示电路，理想变压器的副线圈上通过输电线接有两个相同的灯泡 A_1 和 A_2。输电线的等效电阻为 R，开始时，开关 S 断开，当开关 S 接通时，以下说法错误的是（　　）。

　　A．副线圈 M、N 的输出电压减小

　　B．副线圈输电线的等效电阻 R 上的电压降增大

　　C．通过灯泡 A_1 的电流减小

　　D．原线圈中的电流增大

10. 如图综 6-10 所示电路，U_s=9V，R_1=3kΩ，R_2=6kΩ，R_3=2kΩ，C=2μF，在 t=0 时将开关 S 闭合，则 $u_C(t)$=（　　）。

　　A．$9\mathrm{e}^{-\frac{t}{2.2}}\mathrm{V}$

　　B．$9(1-\mathrm{e}^{-\frac{t}{2.2}})\mathrm{V}$

　　C．$6\mathrm{e}^{-\frac{t}{0.008}}\mathrm{V}$

　　D．$6(1-\mathrm{e}^{-125t})\mathrm{V}$

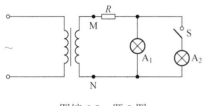

图综 6-9　题 9 图

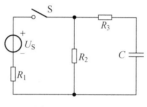

图综 6-10　题 10 图

三、计算题（35 分）

1. 运用戴维南定理求图综 6-11 所示电路中的 I_{ab}（10 分）。（要求要有完整的步骤）

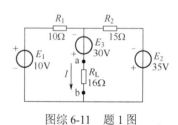

图综 6-11　题 1 图

2. 在 RLC 串联电路中，已知电容 C=0.159μF，当调节正弦交流电源频率 f=1kHz 时，电路中电流达到最大值，且电容两端电压为电源电压的 50 倍，求 R、L、ρ、Q 的数值（10 分）。

3. 一台理想的变压器如图综 6-12 所示，两原边绕组匝数 N_1=1500，N_2=1500，各自的额定电压均为 110V，N_3=600 匝。

（1）标出变压器各绕组的同名端；（3 分）

（2）若电源电压为 220V，则两原边绕组应如何连接？画图以示之；（6 分）

（3）已知 R_1=9Ω，消耗的功率为 25W；R_2=16Ω，消耗的功率为 36W；U_4=20V。求 N_4、N_5、N_6 分别为多少？（6分）

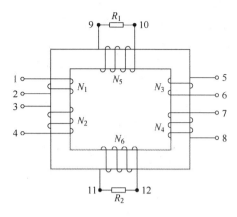

图综 6-12 题 3 图

四、综合题（15分）

1. 如图综 6-13 所示，线圈 L_1、L_2、L_3 相距很近，它们的匝数 $N_1>N_2>N_3$，当开关闭合时：

（1）哪个线圈产生自感电动势？（1分）

（2）哪个线圈产生互感电动势？（1分）

（3）哪个线圈产生的感应电动势最大？（1分）

（4）判定各感应电动势的方向，在图中标注出来，并在图中标出各线圈的同名端（4分）。

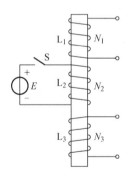

图综 6-13 题 1 图

2. 写出以下电阻器相应的阻值。（数标法，色标法）

①$2R_2$；（2分）　②102；（2分）　③棕绿绿银；（2分）　④白绿橙橙蓝。（2分）

电工技术基础综合测试卷【七】

时量：90 分钟　　总分：100 分

一、填空题（每空 2 分，共计 30 分）

1. 有一量程为 1V，内阻为 10kΩ 的电压表，要把它的量程扩大到 250V，应串入＿＿＿＿Ω 的电阻。

2. 如图综 7-1 所示电路，开关 S 打开时，V_A=＿＿＿＿＿V；开关 S 闭合时 V_A=＿＿＿＿V。

3. 如图综 7-2 所示电路，$R_1=R_2=R_3=R_4$=300Ω，R_5=600Ω。则开关 S 打开时 R_{ab}=＿＿＿＿Ω；开关 S 闭合时 R_{ab}=＿＿＿＿＿＿Ω。

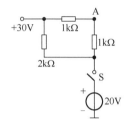

图综 7-1　题 2 图

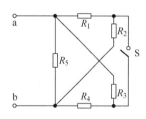

图综 7-2　题 3 图

4. 如图综 7-3 所示电路，则电压 U_1=＿＿＿＿＿V，U_2=＿＿＿＿＿V，20V 电压源发出的功率 P=＿＿＿＿＿W。

5. 如图综 7-4 所示电路，则 3A 的电流源的功率为＿＿＿＿＿W，4V 的电压源的功率为＿＿＿＿W。

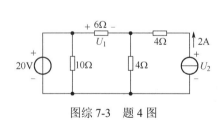

图综 7-3　题 4 图

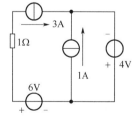

图综 7-4　题 5 图

6. 一个线圈的截面积为 2.5cm^2，线圈的匝数为 2000 匝，当线圈中电流由零增至 2A 时，线圈从外电路共吸收能量 0.4J，那么该线圈的电感量为＿＿＿＿＿H。

7. 产生非正弦交流电的原因有三种，它们分别是：①＿＿＿＿＿＿＿＿＿＿＿＿＿；②＿＿＿＿＿＿＿＿＿＿＿＿＿；③＿＿＿＿＿＿＿＿＿＿＿＿＿。

8. 一单相变压器额定容量为 50kVA，额定电压为 10000/230V，则此变压器副边绕组

的额定电流 I_N 为_____A。

二、单项选择题（每小题 2 分，共计 20 分）

1．某一电路中需要接入一只 16μF、耐压 800V 的电容器，今只有 16μF、耐压 450V 的电容器数只，为要达到上述要求需将（　　）。

　　A．2 只 16μF 的电容器串联后接入电路

　　B．2 只 16μF 的电容器并联后接入电路

　　C．4 只 16μF 的电容器先两两并联，再串接入电路

　　D．无法达到上述要求，不能使用 16μF，耐压 450V 的电容器

2．如图综 7-5 所示，多匝线圈的电阻和电源的内阻可忽略，两个电阻的阻值都是 R。开关 S 原来断开，电路中电流 $I_0 = \dfrac{E}{2R}$，现闭合开关 S，并将一电阻器短路，于是线圈中有自感电动势产生，这自感电动势（　　）。

　　A．有阻碍电流的作用，最后电流由 I_0 减少为零

　　B．有阻碍电流的作用，最后电流小于 I_0

　　C．有阻碍电流增大的作用，因而电流保持不变

　　D．有阻碍电流增大的作用，但电流最后还是要增大到 $2I_0$

3．如图综 7-6 所示，当圆形线圈（　　）运动时，线圈中将产生逆时钟方向的感应电流。

　　A．远离直导线向右　　　　　　　　B．沿直导线向上

　　C．沿直导线向下　　　　　　　　　D．靠拢直导线向左

4．如图综 7-7 所示，三个线圈的同名端为（　　）。

　　A．1、3、5　　　　　　　　　　　B．2、3、6

　　C．2 与 3、2 与 5、3 与 5　　　　　D．1 与 4、1 与 6、3 与 6

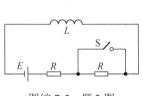　　　　　　　　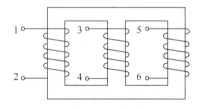

图综 7-5　题 2 图　　　　　　图综 7-6　题 3 图　　　　　　图综 7-7　题 4 图

5．关于提高功率因数的说法，正确的是（　　）。

　　A．在感性负载上并联电感可以提高功率因数

　　B．在感性负载上并联电容可以降低功率因数

　　C．在感性负载上并联电容可以提高功率因数

　　D．提高负载本身的功率因数

6．高频感应炉是根据（　　）制成的。

　　A．电流的磁效应　　　　　　　　　B．涡流效应

　　C．趋肤效应　　　　　　　　　　　D．电流的热效应

7. 在图综 7-8 所示电路中，$R=X_L=X_C=10\Omega$，电流和灯泡是相同的，则最亮的灯泡是图（　　）。

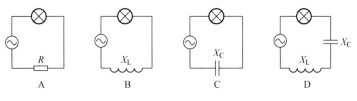

图综 7-8　题 7 图

8. 通电线圈在均匀磁场中，当线圈平面与磁力线的夹角为（　　）时，其受到的转矩最大。

A. 0°　　　　　　B. 45°　　　　　　C. 60°　　　　　　D. 90°

9. 三相异步电动机如闻到焦臭味，则应（　　）。

A. 降低电动机转速　　　　　　　B. 减轻电动机所拖动的负载

C. 降低电源电压　　　　　　　　D. 立即停机检查

10. 如图综 7-9 所示电路，已知 $R=30\Omega$，$\dfrac{1}{\omega C}=80\Omega$，$u=300+500\sin2\omega t\text{V}$，则电路电流的有效值为（　　）。

A. $7.5\sqrt{2}\text{A}$　　　　B. $5\sqrt{5}\text{A}$　　　　C. $5\sqrt{2}\text{A}$　　　　D. $5\sqrt{6}\text{A}$

图综 7-9　题 10 图

三、计算题（35 分）

1. 如图综 7-10 所示为由一只内阻 $R_g=7\text{k}\Omega$，$I_g=50\mu\text{A}$ 的表头构成的电流表测量电路。已知测量的四挡位量程分别为 1mA、10mA、100mA、1A，求 R_1、R_2、R_3、R_4 的阻值。（15 分）

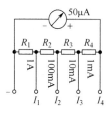

图综 7-10　题 1 图

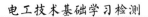
2. 信号源电动势 $E=10V$，负载电阻 $R_L=16\Omega$，理想变压器的初、次级绕组匝数分别为 500 匝和 100 匝，在阻抗匹配时，求：

（1）信号源内阻 r；（2分）

（2）负载消耗的功率；（4分）

（3）变压器初、次级电流。（4分）

3. 有一只日光灯的 $P=40W$、$U=220V$、$f=50Hz$、$I=0.45A$，为了提高功率因数，将一只电容器与它并联，其电容 $C=4.75\mu F$。试分别求出并联电容器前，并联电容器后电路的功率因数。（10分）

四、综合题（15分）

小型电站发电机的端电压是 250V，输出功率 75kW，输电线的电阻是 0.5Ω。

（1）如果直接用 250V 低压输电，计算用户所得的电压、功率，并求线路的输电效率；（6分）

（2）如果电站用匝数比为 1∶10 的变压器提高电压后，经同样线路输电，再用适当变压比的变压器降低电压，供给用户。为了使用户正常用电，所用降压变压器的变压比应该是多大？（变压器可认为是理想的）（9分）

参 考 答 案

第一章　直流电路基础知识

一、填空题

1. $1.6×10^{-19}$，最小，整数，$6.25×10^{18}$。　2. 电场，电场。　3. 电流，符号，实物。
4. 正，相反。　5. 正电荷，电位升，电位降。　6. 0.1，100，10^5。　7. 电流，串，小。
8. 半导体，绝缘体。　9. 正，闭合，电子，负，正。　10. 电子，闭合，负，正。　11. 一
致。　12. 0，−10。　13. 参考，参考。　14. 2。　15. 正，反。　16. 10^{-3}，10^{-6}。　17. 熔
点，康铜，锰铜，电阻率，温度，长度。　18. 3：10，3：10，10：3。　19. $\dfrac{R}{4}$。　20. 2.5，
40。　21. 6，6，1，6。　22. $\dfrac{1}{3}$。　23. 连接导线，电流。　24. 电压，电流，电阻。
25. 电源电动势，内外电阻之和。　26. 负载。　27. 外电路，内电路。　28. 通路，短
路，断路，过载，轻载，满载。　29. 端电压，输出电流。　30. 1：1。　31. 串接，并
联，欧姆调零，断开。　32. 增大，减小，减小，增大。　33. 48，18。　34. 48.4。　35. 22.5。
36. 40。　37. 2。　38. 50。　39. 200，5。　40. 1210Ω，10W。　41. 9.6。　42. 电
源内阻，负载。　43. 2401.6。

二、判断题

题号	1	2	3	4	5	6	7	8	9	10	11	12	13	14	15
答案	×	×	√	√	√	√	√	×	×	×	√	×	√	×	×
题号	16	17	18	19	20	21	22	23	24	25	26	27	28	29	30
答案	√	√	×	×	×	×	×	√	√	×	×	×	×	×	√

三、单项选择题

题号	1	2	3	4	5	6	7	8	9	10	11	12	13	14	15
答案	D	C	C	B	C	D	D	B	C	D	D	B	B	C	A
题号	16	17	18	19	20	21	22	23	24	25	26	27	28	29	30
答案	B	C	B	C	D	D	B	B	A	A	B	C	D	B	A
题号	31	32	33	34	35	36	37	38	39	40	41	42	43	44	45
答案	B	C	B	B	B	B	B	B	B	B	B	C	B	B	C

四、计算题

1. 开关S置A：1A，9.9V；开关S置B：100A，0V；开关S置C：0A，10V。

电工技术基础学习检测

2．P_r=20W。

五、综合题

1．（1）2A；（2）1.96A；（3）1.67A；（4）电流表内阻越小，测量误差越小。

2．（1）$R_总$=（R_3∥R_2）+R_1+r，左移时 $R_总$↓ 则：A_1 示数增大，A_2 示数减小，V_1 示数增大，V_2 示数减小，V 的示数减小；（2）A_2、V_2 示数为零，其余各表均有示数。

3．（略）。

4．传达室，办公室和值班室三处控制开关并接，再串接在主电路中即可。

直流电路基础知识单元测试（B）卷

一、填空题

1．5∶2。 2．20。 3．2。 4．4。 5．10。 6．1∶3，6∶1，1∶6。 7．27，7，−6。 8．切线，电力。 9．4V，1Ω。 10．电位，某点，参考点。 11．102。 12．1000，0.1。 13．2，18V。 14．负载的功率大或电流大，负载的大小。 15．2∶1。 16．1Ω，1W。 17．6V，0.5。

二、判断题

题号	1	2	3	4	5	6	7	8	9	10
答案	√	×	√	√	×	√	√	√	√	√

三、单项选择题

题号	1	2	3	4	5	6	7	8	9	10	11	12	13	14	15
答案	D	C	A	C	B	C	D	D	D	C	D	D	B	B	C

四、计算题

1．V_a=20V；V_b=5V。

2．（1）$P_总$=585W，U_r=5.32V，P_r=14W，P_R=571W；（2）$P_总$=1143W，U_r=10.4V，P_r=54W，P_R=1089W。

五、综合题

R_0=0.4Ω；E=6V。

直流电路基础知识单元测试（C）卷

一、填空题

1．零，超导现象。 2．119，不安全。 3．0.5Ω。 4．15Ω，0.8A。 5．短路，断路，通路。 6．额定值。 7．非线性。 8．807Ω。 9．0.2A。 10．4，55Ω。 11．极小。 12．250，1000。 13．电源力，电场力。 14．0.4。 15．9。 16．−90。 17．7200。

198

18．6。　19．大，5Ω。　20．0.04kWh，$1.44×10^5$。

二、判断题

题号	1	2	3	4	5	6	7	8	9	10
答案	√	×	√	√	√	×	×	√	√	√

三、单项选择题

题号	1	2	3	4	5	6	7	8	9	10	11	12	13	14	15
答案	A	D	C	C	B	D	A	D	B	C	A	C	B	B	C

四、计算题

1．$V_A=V_B=6V$。

2．$V_A=9V$，$V_O=7V$，$V_C=4V$。

五、综合题

位置1：0V，12A；位置　2：6V，0A；位置　3：5.75V，0.5A。

第二章　复杂直流电路

一、填空题

1．电压，反，反。　2．10，并联。　3．串联，并联，电气调零，断开。　4．2，2，1，0.5。　5．2Ω。　6．14.6。　7．6.44。　8．12。　9．6。　10．8Ω，3.97Ω。　11．$\dfrac{28}{9}$，2。　12．12W。　13．2.25kΩ。　14．2。　15．68。　16．9:4。　17．8.75。　18．R_1，R_3。　19．20，0.05。　20．并，60，串，240。　21．62，4.8。　22．60，30。　23．3V，0.1Ω。　24．15V。　25．30V，25V。　26．3V，0V。　27．节点电流，电流之和为零，$\sum I=0$，回路电压，电压降的代数和，$\sum U=0$。　28．m-1，n-（m-1）。　29．各电动势，电压，$\sum E=\sum IR$。　30．电流。　31．$U_{ab}+U_{bc}+U_{cd}+U_{da}$。　32．2。　33．17.5。　34．0，10，30。　35．12A。　36．-2。　37．4Ω，-2V。　38．22。　39．1.5A，3V。　40．40V，20Ω。　41．4 000V。　42．-2.8，6。　43．-3。　44．5，3。　45．-2，-3.33。　46．3V，$\dfrac{5}{3}$kΩ。　47．10，22.5。　48．3Ω，2.5A。　49．5。　50．0，1.88。　51．1。

二、判断题

题号	1	2	3	4	5	6	7	8	9	10	11	12	13
答案	√	×	√	√	√	×	×	√	×	×	√	×	×

三、单项选择题

题号	1	2	3	4	5	6	7	8	9	10	11	12	13	
答案	C	D	B	A	C	B	C	C	A	A	D	B	C	A	B	A
题号	14	15	16	17	18	19	20	21	22	23	24	25	26	27	28	29
答案	A	B	A	C	C	D	A	B	C	C	A	A	B	A	A	B
题号	30	31	32	33		34	35	36	37	38	39	40				
答案	B	B	A	C	D	B	B	C	B	C	B	B				

四、计算题

1. 采用环形分流器，原理图如下：

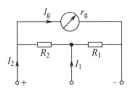

$R_1+R_2=4\ \Omega$，$R_2=0.4\Omega$，$R_1=3.6\Omega$。

2. 电动势 $E=25V$；电流表 A 的读数为 1A。

3. $R_{ab}=18.67\Omega$。

4. 开关 S 打开：$I=0.6A$，$V_A=6.8V$；开关 S 闭合：$I=2.5A$，$V_A=3V$。

5. $I_4=12.8mA$；$I_5=27.2mA$。

6. $I_3=-2mA$。

7. $V_A = \dfrac{100}{7} V$。

8. $I_1=5A$（方向朝上）；$I_2=4A$（方向朝下）；$I_3=1A$（方向朝下）。

9. $I_1=\dfrac{6}{7} mA$；$I_2=\dfrac{9}{7} mA$；$I_3=-\dfrac{15}{7} mA$。

10. $I_1=1.4A$；$I_2=1.2A$；$I_3=1.2A$。

11. $I_{R1}=4A$（方向朝上）；$I_{R2}=5A$（方向朝下）；$I_{R3}=1A$（方向朝上），$|U_{IS}|=18V$。

12. $I_{R1}=0.45A$（方向朝上），$I_{R2}=0.25A$（方向朝上），$I_{R3}=0.7A$（方向朝下）。

13. $I_1=10A$（方向朝上），$I_2=5A$（方向朝下），$I_3=5A$（方向朝下）。

14. $U=7.5V$。

15. $I=8A$（方向朝下）。

16. $I=-0.5A$，图（略）。

17. $I_{R4}=0.3A$（方向朝下）。

18. $U_{OC}=110V$，$R_{OC}=11A$。

19. $R=0.6\Omega$ 时，$I_5=0$。

20. 3Ω；$P_{max}=3W$。

21. $U_{ab}=-5V$，$R_{ab}=3.5\Omega$。

22. $I=1A$（方向朝下）。

23．（1）I_3=10A（方向朝下）；（2）I_1=4A（方向朝上），I_2=6A（方向朝上），I_3=10A（方向朝下）。

24．R=4Ω，I=3A；R=0Ω，I=6A，I 由 3A 增至 6A。

25．I=0.9A（方向朝上）。

26．I=$\dfrac{1}{15}$A。

27．R_L=1Ω，P_{max}=1W。

28．I_{R3}=2A（方向朝右）。

29．I=−0.2A。

30．I_{ab}=2A。

31．（1）R=57Ω；（2）I=$\dfrac{1}{19}$A。

32．（1）R_L=11Ω 可获得最大功率；（2）P_{max}=3.84W。

33．U_S=30V。

34．I_L=1/3A（方向朝下）。

35．I=−1A。

36．U_S=72V。

37．I_1=2.4A；U_{AB}=12V。

38．I=1A。

39．I_3=−3.25A；U_3=$-\dfrac{65}{3}$V；P_3=70.42W。

40．I=0.5A。

41．I=1.6A（朝上）。

42．$U_{OC}=\dfrac{8}{3}$V，$R_{OC}=\dfrac{1}{3}$kΩ，$P_{R_L\ max}=\dfrac{16}{3}$mW。

43．I_{R8}=2A。

44．I=1.5A。

45．I=−1A，U_S 发出 16W 的功率。

46．I=$\dfrac{60}{17}$A。

47．I=1A。

48．I=$\dfrac{1}{3}$A，方向自上而下。

五、综合题

（1）$R_g=\dfrac{U}{I}-R$，（图略）。（2）$R=\dfrac{10V}{I_g}-R_g$。（3）标准伏特表内阻比改装的伏特表内阻大许多，故改装伏特表误差大。

复杂直流电路单元测试（C）卷

一、填空题

1. 5Ω，10Ω。　2. -5。　3. 25Ω。　4. 不变化，发生变化。　5. 8，3.97。　6. 17：5。
7. 12。　8. 2W。　9. C，5V，2Ω。　10. 不变。

二、判断题

题号	1	2	3	4	5	6	7	8	9	10
答案	√	√	√	×	√	√	√	×	×	√

三、单项选择题

题号	1	2	3	4	5	6	7	8	9	10
答案	D	C	D	B	A	C	A	C	A	B

四、计算题

1. （1）$I=1A$；（2）$P_E=30W$（负载）。　2. $I_3=-1.105A$。

五、综合题

（1）$R_x=4k\Omega$；（2）$-2.4V \leqslant U_o \leqslant 2.4V$。

复杂直流电路单元测试（D）卷

一、填空题

1. 0.2mA，1.2mA，2A，2V。　2. 4，6，3，3。　3. 1，1.71。　4. 500。　5. -5。
6. $-1A$，3A，4A。

二、判断题

题号	1	2	3	4	5	6	7	8	9	10
答案	×	×	×	√	×	√	×	×	√	√

三、单项选择题

题号	1	2	3	4	5	6	7	8	9	10
答案	A	A	D	A	C	B	D	B	B	D

四、计算题

1. $V_A=61V$；$V_B=64V$；$V_C=33.5V$；$R=\dfrac{11}{3}\Omega$。　2. $V_a=2V$，$V_b=7V$，$I_1=4A$，$I_2=9A$。

五、综合题

（1）$U_{ab}=-11$V；（2）$R_{ab}=2\Omega$；（3）$R=2\Omega$，$P_{max}=15.125$W

复杂直流电路单元测试（E）卷

一、填空题

1．6。　2．串联 5.6k，并联 100。　3．电源，电源。　4．10。　5．串，36。　6．0。

7．8。　8．4。　9．8V，3A，6A。　10．-3V。

二、判断题

题号	1	2	3	4	5	6	7	8	9	10
答案	×	×	×	×	√	×	√	√	√	×

三、单项选择题

题号	1	2	3	4	5	6	7	8	9	10
答案	D	A	C	C	C	B	B	A	A	D

四、计算题

1．（1）$I_1=\dfrac{10}{13}$A，$I_2=\dfrac{19}{13}$A，$I_3=\dfrac{9}{13}$A；（2）$U_A=\dfrac{12}{13}$V。　2．（1）$I=0.5$A；（2）$U_1=6$V。

五、综合题

$E_3=24$V，$P_{E3}=-48$W。（发出 48W 的功率）

第三章　电容器

一、填空题

1．绝缘介质。　2．8.85×10^{-12} F/m。　3．积累。　4．减小，增大。　5．增大到原来的 2 倍。　6．0.359。　7．最亮，变暗，减小，增大，0，E，最亮，变暗，减小，减小，0，0。　8．开路。　9．标称容量，耐压。　10．12，6。　11．$\dfrac{250}{3}$，50。　12．75。　13．10，10。　14．60，40。　15．0.5C，2C。　16．150。　17．$\dfrac{2}{3}$。　18．9V，6V。

二、判断题

题号	1	2	3	4	5	6	7	8	9	10	11	12
答案	×	√	×	×	×	√	√	×	√	×	√	√
题号	13	14	15	16	17	18	19	20	21	22	23	
答案	√	×	√	√	√	√	√	√	×	×	×	

三、单项选择题

题号	1	2	3	4	5	6	7	8	9
答案	A	A	D	B	C	B	D	C	B
题号	10	11	12	13	14	15	16	17	18
答案	C	B	B	A	A	C	B	D	C

四、计算题

1. 20μF。

2. $\varepsilon_r=80$。

3. $\Delta Q_1=\Delta Q_2=600$μC。

4. （1）$C=120$μF； （2）$U_N=833$V，小于 1000V，故电容器会被击穿。

5. $C_a=1.5$C， $C_b=\dfrac{2}{3}$C。

6. 答：两电容串联后的总耐压值为 $\dfrac{Q_{总}}{C_{总}}=\dfrac{600\mu C}{0.75\mu F}=800V$，小于 900V，故电容器会被击穿。

7. $V_a=30$V， $V_b=0$V， $V_c=-15$V， $V_d=-25$V。

8. （1）并联：250V，1.5μF；（2）串联：450V， $\dfrac{1}{3}$μF。

9. （1）$\Delta Q=12$μC， $U_A=U_B=26$V， $Q_A=52$μC， $Q_B=78$μC；（2）$\Delta Q=60$μC， $U_A=U_B=10$V， $Q_A=20$μC， $Q_B=30$μC。

五、综合题

（1）开路；（2）短路；（3）漏电。

电容器单元测试（C）卷

一、填空题

1. 1.5。 2. 最大值。 3. 0.25J。 4. 10V，20V。 5. 5，447.2，894.4。 6. 5/3，能，6.25×10^{-2}。 7. 几何形状，介质的性质。 8. 4.8×10^{-5}。 9. 232V，2×10^{-3}C。 10. 1.6，160，40。 11. 7×10^{-5}。

二、判断题

题号	1	2	3	4	5	6	7	8	9	10
答案	√	√	×	×	√	√	×	×	×	√

三、单项选择题

题号	1	2	3	4	5	6	7	8	9	10
答案	C	D	B	C	C	B	C	C	B	D
题号	11	12	13	14	15	16	17	18	19	20
答案	D	A	C	B	A	C	A	C	D	B

四、计算题

1．（1）$C_并$=600μF；U_N=20V；（2）$C_串$=112.5μF；U_N=40V。

2．（1）3V；（2）均为 $2×10^{-6}$C；（3）1V，2V。

五、综合题

第一次将 5 个电容器串联起来使用，第二次将 4 个电容器并联起来使用，第三次将 4 个电容器两两并联后再串联起来使用或两两串联后再并联起来使用。

第四章　磁与电磁

一、填空题

1．磁体，导体。　2．N，S。　3．相等，相同，平行等距有向线段。　4．磁感应强度，磁通，磁场强度，磁导率，B，$Φ$，H，$μ$，T，Wb，A/m，H/m。　5．磁路。　6．矫顽磁力。　7．10^8H^{-1}，$2×10^{-5}$Wb。　8．1。　9．阻碍。　10．250。　11．①V_A=V_B；②V_A>V_B；③V_A=V_B；④V_A<V_B。　12．AYZ，XBC，AB，AC，XY，XZ，BZ，CY。　13．0.2H，0.8T。

二、判断题

题号	1	2	3	4	5	6	7	8	9	10
答案	×	×	√	√	√	√	√	√	×	√
题号	11	12	13	14	15	16	17	18	19	20
答案	√	×	√	√	×	√	×	×	√	×

三、单项选择题

题号	1	2	3	4	5	6	7	8	9	10	11	12
答案	A	B	D	D	B	C	C	C	A	A	D	B
题号	13	14	15	16	17	18	19	20	21	22	23	
答案	A	C	C	C	A	A	C	B	A	C	C	

四、计算题

1．$L_{顺串}$=0.88H，$L_{反串}$=0.28H。

2．a、c（或 b、d）为同名端；4mH。

3．电压表正偏；读数为8V。

4．e_L=1000V，L=1H。

5．e=16V。

6．（1）感应电流方向A→B，感应电动势极性B "+" A "–"；（2）无感应电流和感应电动势；（3）感应电流方向B→A，感应电动势极性B "–"，A "+"。

7．μ_r=1432，L=9.6H。

8．（1）L_2中感应电流的方向左端流出，右端流入；（2）AB向左，CD向右；（3）JK向内，GH向外。

五、综合题

1．左S右N。

2．朝上。

3．电流流出。

4．水平向左。

5．（a）图F垂直向上；（b）图垂直向上；（c）图电流流出。

6．（a）A．D．F；（b）1.3端。

7．L_2、L_3中有电流，L_4中无电流。

8．A、C或B、D是同名端。

9．（1）正偏；（2）零偏；（3）反偏。

磁与电磁单元测试（C）卷

一、填空题

1．$4\pi\times10^{-7}$H/m，相对磁导率，铁磁。　2．0.2H，2×10^{-4}Wb，0.8T。　3．左手。　4．4。
5．自感应，相反，相反，相同。　6．0.15H。　7．涡流，热效应。　8．B→A，D→C，垂直CD向左。　9．A、C、F。　10．280J。

二、判断题

题号	1	2	3	4	5	6	7	8	9	10
答案	×	×	√	√	√	×	×	√	√	×

三、单项选择题

题号	1	2	3	4	5	6	7	8	9	10
答案	D	D	D	D	B	D	B	D	B	A

四、计算题

1．①e_L=1440V；②ΔW=19.8J。

2．①175V；②175mA。

五、综合题

1．上（−），下（+），小磁针顺时针偏转。

2．①开始时，CD 导体加速下滑，此时 A、B 中均有电流；②方向：A 线圈 C→D；B 线圈，N→M；③MN 与 PG 相互排斥；④当 CD 运动速度上升到一定值，CD 所受重力与磁场力平衡，则 A 线圈中电流大小不变，B 线圈中无电流，MN 与 PG 不受力

磁与电磁单元测试（D）卷

一、填空题

1．匀强磁场，有向线段。　2．10^8H^{-1}，$2×10^{-5}Wb$。　3．磁，铁磁性，电，金属。　4．3.18A/m。 5．变化趋势，绕向。　6．9。　7．A，a。　8．（1）$V_C=V_D$，（2）$V_C>V_D$，（3）$V_C=V_D$，（4）$V_C<V_D$。　9．0，0.2H。

二、判断题

题号	1	2	3	4	5	6	7	8	9	10
答案	√	√	×	√	√	×	×	×	×	√

三、单项选择题

题号	1	2	3	4	5	6	7	8	9	10
答案	A	B	A	B	D	C	A	C	B	D

四、计算题

（1）C→D；（2）水平向左；（3）$V_m=10m/s$；（4）$P_R=8W$；（5）$U_{AB}=20V$，A 点高。

五、综合题

1．L_3 无电流，G 中的电流自下而上。

2．1、4、6 为同名端；开关 S 断开瞬间，2、3、5 感应电动势的极性为正；R_1 电流 2→1；R_2 电流 3→4。

第五章　正弦交流电路

一、填空题

1．50，20ms。　2．初相位。　3．热。　4．解析式，波形图，相量法，极坐标式。 5．0，$±π$，$±\dfrac{π}{2}$。　6．30°，10A，−5A。　7．$30\sqrt{2}$。　8．有效，0.455，0.643。　9．2t，$10\sqrt{6}$。　10．311，220，155.5。　11．$\dfrac{π}{6}$，$\dfrac{π}{3}$，$\dfrac{π}{6}$。　12．π，0。　13．10。　14．$100\sqrt{2}$。 15．157。　16．1，$314t+60°$，314rad/s，60°。　17．$\sqrt{2}$。　18．$10\sqrt{2}$，10，50，60°。

19. $\dfrac{20}{3}$，$\dfrac{65}{3}$。 20. $220\sqrt{2}$，220，3140rad/s，0.002s，$-\dfrac{\pi}{6}$。 21. 同相，滞后，90°，超前。 22. 0，1，0，0，0，0。 23. 同相，超前。 24. 1，0，大，大。 25. $100\sqrt{2}\sin(\omega t+30°)$V。

26. 0.5。 27. 无功功率。 28. $10\sqrt{2}\sin(1000t-\dfrac{\pi}{2})$A，2，$2\times10^{-3}$，200。 29. 纯电容。

30. 滞后，开路。 31. 电容。 32. $\sqrt{2}\sin(314t+\dfrac{\pi}{3})$A，$-\dfrac{\pi}{2}$，0，100。 33. 60°，0.5。

34. 负载电压与负载电流，参数，频率。 35. 0.6，6，0.025。 36. 50Ω，0.382H。 37. 2.1H，$-60°$。 38. 600Ω，2.55H。 39. $6\sin(\omega t-15°)$A，滞后。 40. 超前，30°，感。 41. $\dfrac{U_m}{\sqrt{2}\cdot R}$，电阻性，感性。 42. 110V，10A，$11\angle30°$，950，550var，1100VA，感性。 43. 感性，超前45°。 44. 5.5A，$110\sqrt{2}$V，0V。 45. 选择性，通频带。 46. 纯电阻，小，大，大，小。 47. R、L、C，越好，越窄。 48. 电导，感纳，容纳。 49. >，<，=。

50. 1Ω，100W，0var，100VA。 51. 电压，输入选频，电流，中频选频。 52. 0，1。

53. 电阻，电容，电感。 54. <，>，=。 55. 5A，10A，5A，$5\sqrt{2}$A。 56. 提高电源设备利用率，减少线路上的能量损失，提高用电设备本身的功率因数，感性负载两端并联适当电容，感性负载两端并联适当电容。 57. 7.143kVA，5.56kVA。 58. 功率因数，$C=\dfrac{P}{U^2\omega}(\tan\varphi_1-\tan\varphi)$。

二、判断题

题号	1	2	3	4	5	6	7	8	9	10	11	12
答案	×	×	√	×	×	×	√	×	√	×	√	×
题号	13	14	15	16	17	18	19	20	21	22	23	
答案	√	×	×	×	×	√	×	√	√	×	×	

三、单项选择题

题号	1	2	3	4	5	6	7	8	9	10	11	12	13	14	15
答案	A	B	D	D	A	C	C	B	C	B	D	B	D	B	D
题号	16	17	18	19	20	21	22	23	24	25	26	27	28	29	30
答案	B	B	D	C	A	D	B	A	B	B	D	B	C	B	D
题号	31	32	33	34	35	36	37	38	39	40	41	42	43	44	45
答案	C	A	C	D	A	D	D	A	A	A	B	C	C	A	B
题号	46	47	48	49	50	51	52	53	54	55	56	57	58	59	60
答案	C	C	B	D	C	A	B	D	B	A	D	B	A	C	A
题号	61	62	63	64		65	66	67	68						
答案	C	C	B	C		C	B	C	B						

四、计算题

1. $u = 19.3\sqrt{2}\sin(100\pi t + 45°)\text{V}$。

2. 直流电流产生的热量大，因为交流电有效值仅为 $10\sqrt{2}$，小于 20A，当交流电的振幅值为 $20\sqrt{2}$ 时，两电流在同一时间内所产生的热量是相等。

3. （1）$u_R = 2\sqrt{2}\sin(1000t + 30°)\text{V}$，$u_L = 2\sqrt{2}\sin(1000t + 120°)\text{V}$，

$u_C = 2\sqrt{2}\sin(1000t - 60°)\text{V}$；（2）（略）。

4. $i = 314\sin(314t + 60°)\text{mA}$；相量图（略）。

5. 日光灯电路可等效为 RL 串联电路，U_1 与 U_2 存在 $90°$ 的相位差，满足 $U = \sqrt{U_1^2 + U_2^2}$，由于相位不同，必然 $U_1 + U_2 > U$。

6. （1）$Z = 22\Omega$；（2）$u = 311\sin942t\text{V}$，$i = 10\sqrt{2}\sin(942t - \dfrac{\pi}{3})\text{A}$；（3）阻抗呈感性；

（4）$P = 1100\text{W}$；（5）（略）。

7. （1）$I = 0.7\text{A}$，$U_L = 132\text{V}$，$U_2 = 176\text{V}$；（2）$i = 0.7\sqrt{2}\sin(314t - 36.9°)\text{A}$，

$u_L = 132\sqrt{2}\sin(314t + 53.1°)\text{V}$ $u_2 = 176\sqrt{2}\sin(314t - 36.9°)\text{V}$；（3）略。

8. $R = 600\Omega$，$L = 2.55\text{H}$。

9. （1）$I = 10\text{A}$，$U_R = 120\text{V}$，$U_L = 50\text{V}$；（2）$P = 1200\text{W}$，$Q = 500\text{var}$，$S = 1300\text{VA}$；$\cos\varphi = 0.923$。

10. $I = 2\text{A}$，$L = 64\text{mH}$，$U_{AB} = 40\text{V}$，$U_{BC} = 40\sqrt{2}\text{V}$，（相量图略）。

11. $R = 37.6\Omega$，$L = 72.93\text{mH}$。

12. $L_1 = 0.271\text{H}$。

13. （1）$X_C = 40\Omega$，$\dfrac{U_i}{U_O} = \dfrac{Z}{X_C} = 1.25$；（2）$U_i$ 超前 U_O 的角度为 $36.9°$。

14. $L = 0.1\text{H}$ 或 $L = 0.4\text{H}$。

15. （1）$10\sqrt{2}\ \Omega$，$\varphi = 45°$；（2）0.707A；（3）$5\sqrt{2}\text{V}$，$7.5\sqrt{2}\text{V}$，$2.5\sqrt{2}\text{V}$；（4）略。

16. （1）$Z = 50\Omega$；（2）$i = 4.4\sqrt{2}\sin(314t - 96.9°)\text{A}$，$u_R = 176\sqrt{2}\sin(314t - 96.9°)\text{V}$，

$u_L = 308\sqrt{2}\sin(314t - 6.9°)\text{V}$，$u_C = 176\sqrt{2}\sin(314t - 173.1°)\text{V}$；

（3）$P = 774.4\text{W}$，$Q = 580.8\text{var}$，$S = 968\text{VA}$，$\cos\varphi = 0.8$；（4）电路呈感性；（5）略。

17. （1）$I = 0.44\text{A}$；（2）$U_R = 132\text{V}$，$U_L = 176\text{V}$，$U_C = 352\text{V}$；（3）$P = 58.08\text{W}$，$Q = -77.44\text{var}$，$S = 96.8\text{VA}$；（4）电路呈容性。

18. $U_{AC} = 114\text{V}$。

19. （1）$Z = 500\Omega$；（2）$I = 0.44\text{A}$，$i = 0.44\sqrt{2}\sin(100\pi t - 8.1°)\text{A}$；（3）$P = 77.44\text{W}$，$Q = 58.08\text{var}$，$S = 96.8\text{VA}$。

20. $u_R = 176\sqrt{2}\sin314t\text{V}$；$u_L = 308\sqrt{2}\sin(314t + 90°)\text{V}$；$u_C = 176\sqrt{2}\sin(314t - 90°)\text{V}$。

21. $L = 1.6\mu\text{H}$。

22. $C = 265.4\text{pF}$。

23. $R = 100\Omega$，$L = 1.71\text{mH}$，$C = 117\text{nF}$　$Q = 1.21$。

24. $R = 5\Omega$，$L = 15.9\text{mH}$，$C = 283\mu\text{F}$，$f_2 = 75\text{Hz}$。

25. （1）$f_0 = 4\text{MHz}$；（2）1V；（3）60V，60V。

26. $R = 10\Omega$，$L = 796\mu\text{H}$，$C = 3185\text{pF}$，$Q = 50$。

27．（1）$i = 10\sqrt{2}\sin(\omega t + 36.9°)A$，$i_1 = 8\sqrt{2}\sin\omega tA$，$i_2 = 6\sqrt{2}\sin(\omega t + \dfrac{\pi}{2})A$；

（2）略。

28．I_3=12A 或 I_3=24A。

29．r=10Ω，L=150μH，Q=50。

30．（1）$I = 10\sqrt{2}A$；（2）电路参数 $R = 10\sqrt{2}\Omega$，$X_L = 5\sqrt{2}\Omega$，$X_C = 10\sqrt{2}\Omega$。

31．$I = \sqrt{2}$ A，$R = X_L = 10\sqrt{2}$ Ω，$X_C = 5\sqrt{2}$ Ω。

32．（1）f_o=1.59MHz；（2）I=0.05mA，$I_L = I_C$=5mA；（3）U=5V；（4）P=0.25mW。

33．（1）电感性；（2）$i_1 = 44\sqrt{2}\sin(314t - 53°)A$，$i_2 = 22\sqrt{2}\sin(314t + 90°)A$，

$i = 29.5\sqrt{2}\sin(314t - 26.4°)A$，$P$=5808W；（3）略。

34．（1）略；（2）u 超前 i 45°。

35．I_S=0.1A，相量图（略）。

36．（1）X_L=524Ω，L=1.67H，$\cos\varphi$=0.5；（2）C=2.56μF。

37．（1）$U = 96\sqrt{2}$ V；（2）P=384W，Q=384var；（3）略。

38．$\cos\varphi$=0.998，均等于 50W。

39．（1）U=220V；（2）P=38W，Q=90var；（3）$\cos\varphi_1$=0.126，$\cos\varphi$=0.388；（4）I=0.445A。

40．（1）因为整个电路的无功功率不变而有功功率增大了，故功率因数提高了。

（2）R_2 的接入虽然提高了整个电路的功率因数，却是以额外消耗电能为代替，且整个电路的总电流和视在功率都增大了，故此法不可取。

41．并联 2.243μF 的电容：并联电容前 I=0.303A，并联电容后 I=0.202A。

42．I_C=8A，I=6A。

43．（1）32A；（2）$\cos\varphi$=0.767。

五、综合题

1．（1）u_1=10sin500πt V，u_2=5sin(500πt − 45°) V；（2）φ_{12} = 45°。

2．框内为 RC 并联电路，其中 R=4Ω，C=1F。

3．P_o=4.8W。

4．（1）分两种情况：①RL 串联电路，$R = 11\sqrt{3}$ Ω，L=35mH；②RL 并联电路，R=25.4Ω，L=140mH，（图略）；（2）感性。

5．（1）21.26A，　1800W；（2）10.2Ω，30A，2776W。

正弦交流电路单元测试（C）卷

一、填空题

1．同相，反相，正交。　2．90，$\dfrac{\pi}{6}$，$\dfrac{31\pi}{6}$，−70.7。　3．12，20。　4．100V，100，10Ω，10kHz。　5．10，5。

二、判断题

题号	1	2	3	4	5	6	7	8	9	10
答案	×	×	√	√	√	√	×	√	×	×

三、单项选择题

题号	1	2	3	4	5	6	7	8	9	10
答案	D	A	D	A	D	B	B	C	B	D

四、计算题

1．$r=5\Omega$，$L=0.11\mathrm{H}$。

2．$C=18.4\mu\mathrm{F}$。

3．（1）$U=242\mathrm{V}$，$U_L=22\mathrm{V}$；（2）$P_z=2.42\mathrm{kW}$，$P_L=242\mathrm{W}$；（3）$\cos\varphi=0.707$。

五、综合题

1．（1）$f=f_0$ 的串联谐振电路；（2）$f=f_0$ 的并联谐振电路。

正弦交流电路单元测试（D）卷

一、填空题

1．同相，服从，服从，有功功率。　　2．0.6，6，0.0255。　　3．2Ω，$2\sqrt{3}\,\mathrm{W}$，2var。

4．1800，2600，2000，600，1900。

二、判断题

题号	1	2	3	4	5	6	7	8	9	10
答案	×	×	×	×	√	×	√	√	√	√

三、单项选择题

题号	1	2	3	4	5	6	7	8	9	10
答案	C	B	B	B	B	C	D	C	D	D

四、计算题

1．一个 $L=31.8\mathrm{mH}$ 的电感。

2．（1）$I=40\mathrm{mA}$；（2）$C=33.3\mu\mathrm{F}$。

3．（1）$I=11\mathrm{A}$，$\cos\varphi=0.8$；（2）$I_0=8.8\mathrm{A}$，$f_0=31.7\mathrm{Hz}$。

五、综合题

（1）略；（2）5.4kWh；（3）$R_{分}=24.96\mathrm{k}\Omega$。

正弦交流电路单元测试（E）卷

一、填空题

1．311。　2．10^7。　3．越大。　4．$200\sqrt{2}\sin(200\pi t-45°)$V。　5．6ms，

$u_2=8\sin(\dfrac{\pi}{3}\times10^3t)$V。　6．20，阻性。　7．32.8，1.06kΩ。　8．最小，最大，R。　9．串联，并联。

二、判断题

题号	1	2	3	4	5	6	7	8	9	10
答案	√	×	×	√	√	×	×	√	×	√

三、单项选择题

题号	1	2	3	4	5	6	7	8	9	10
答案	A	B	A	B	D	A	C	C	B	D

四、计算题

1．$u_1+u_2=100\sin314t$V；　　$u_1-u_2=100\sqrt{3}\sin(314t+\dfrac{\pi}{2})$V。

2．（1）P=550W；（2）R=22Ω，L=0.121H；（3）C=45μF。

3．I=10A，X_C=15Ω，R_2=7.5Ω，X_L=7.5Ω。

五、综合题

略

第六章　三相交流电路和电动机

一、填空题

1．相同，相等，互差120°。　2．线电压，相电压，$U_L=\sqrt{3}\,U_P$。　3．$220\sqrt{2}\sin(314t-90°)$，$220\sqrt{2}\sin(314t+150°)$。　4．220∠180°，380∠−30°。　5．相，对称。　6．三相四线制，开关，熔断器，负载不对称时保证各相电压对称。　7．30°。　8．滞后。　9．$I_L=\sqrt{3}\,I_P$，$U_P=U_L$。　10．380V，11A。　11．537.4，0.91A，0.91A，0A，仍能，不等于，不能，190V。　12．152V。　13．$\sqrt{3}$。　14．三角形。　15．三相四线，三相三线。　16．3 300。　17．$22\sqrt{3}$。　18．15∠30°。　19．△。　20．$P=\sqrt{3}U_LI_L\cos\varphi$，接法。　21．起动。　22．起动按钮两端并联接触器常开触头，欠压，失压。　23．行程开关。　24．起动时降低加在定子绕组上的电压，待起动后再恢复到额定值，减少起动电流，定子绕组串电阻降压起动，Y−△降压起动，自耦变压器降压起动，延边三角形降压起动。　25．熔断器，热继电器。　26．线圈，自锁，联锁，失压，欠压。　27．主电路，控制电路，过载。　28．脉动。　29．0.1，

0.2。   30．基本，附加。

二、判断题

题号	1	2	3	4	5	6	7	8	9	10	11	12	13	14
答案	×	×	√	√	√	×	×	×	×	√	×	√	√	×
题号	15	16	17	18	19	20	21	22	23	24	25	26	27	
答案	√	√	√	×	√	√	×	×	√	×	√	×	√	

三、单项选择题

题号	1	2	3	4	5	6	7	8	9	10	11
答案	C	B	D	A	A	D	A	D	D	A	C
题号	12	13	14	15	16	17	18	19	20	21	
答案	C	C	C	C	C	B	A	B	B	D	

四、计算题

1．$I_P=I_L=22A$，$i_U=22\sqrt{2}\sin(314t-53.1°)A$，$i_V=22\sqrt{2}\sin(314t-173.1°)A$，

$i_W=22\sqrt{2}\sin(314t+66.9°)A$。

2．（1）$A_1=A_2=A_3=2.07A$；（2）$A_1=1.2A$，$A_2=2.07A$，$A_3=1.2A$。

3．$U_L=380V$，$U_P=220V$，$I_L=I_P=1.1A$。

4．$I_P=19A$，$I_L=33A$。

5．（1）$i_A=i_a=22\sqrt{2}\sin314tA$，$i_B=i_b=11\sqrt{2}\sin(314t-120°)A$，

$i_C=i_c=11\sqrt{2}\sin(314t+120°)A$；（2）略；（3）$i_N=11\sqrt{2}\sin(314t\pm\pi)A$。

6．$i_U=10\sqrt{2}\sin(\omega t-30°)A$，$i_{UV}=8.16\sin\omega tA$；

$i_V=10\sqrt{2}\sin(\omega t-150°)A$，$i_{VW}=8.16\sin(\omega t-120°)A$；

$i_W=10\sqrt{2}\sin(\omega t+90°)A$，$i_{WU}=8.16\sin(\omega t+120°)A$。

7．$I_P=22A$，$P=8.7kW$。

8．（1）$U_{YL}=380V$，$I_{YP}=22A$；（2）$U_L=380V$，$I_L=66A$；（3）$P_Y=11.6kW$，$P_\triangle=34.8kW$。

9．（1）$I_{\triangle L}=33A$，$P_\triangle=17328W$；（2）$I_{YL}=11A$，$P_Y=5808W$。

10．（1）$U_P=220V$，$I_L=10A$；（2）$I_P=10\sqrt{3}A$，$I_L=30A$，$P=15.84kW$。

11．（1）$V_表=380V$，$A_表=6.6A$；（2）$P=4.35kW$。

12．$P=1.5kW$。

13．Y形：$I_P=I_L=4.4A$，$P=1742W$；△形：$I_P=7.6A$，$I_L=13.2A$，$P=5198W$。

14．（1）$\eta=81.3\%$；（2）$S=0.047$，$P=2$。

五、综合题

1．（1）（略）；（2）$Z_1\sim Z_2$中线某处断开。

2．（1）$I_U=0$，$I_V=I_W=44A$，$I_N=44A$；（2）$U_V=U_W=190V$，若再关掉三层的一半电灯：

$U_V=127V$，$U_W=253V$。

3．依据负载的 U_N 决定，中性线的作用是在负载不对称时保证各相电压的对称，中性线断开后，B、C 两相灯泡会因 $U_P>U_N$ 而相继烧毁，A 相灯泡因断路而熄灭。

4．故障原因：二单元到三单元之间的中性线某处中断。中性线中断后，一、二单元共同承受 380V 线电压 U_{UV}，均不能工作在额定电压下，由于负载不对称且处于变动之中导致一、二两个单元电压不稳，忽高忽低。

5．（1）辉度；（2）聚焦；（3）Y 轴位移电位器；（4）X 轴位置调节旋钮；（5）输入信号被 10∶1 的探头衰减。

6．图（略）。

三相交流电路和电动机单元测试（B）卷

一、填空题

1．120°，380，30°。　2．Y 形，△形。　3．2.2A，3.8A，2.2A。　4．22A，14520 W，22A，14520W，44A。　5．1410，1500。

二、判断题

题号	1	2	3	4	5	6	7	8	9	10
答案	×	×	√	√	√	√	√	×	×	×

三、单项选择题

题号	1	2	3	4	5	6	7	8	9	10
答案	A	A	C	A	D	A	C	B	A	D

四、计算题

1．（1）$I_{\triangle P}$ =11.3A，$\cos\varphi$ =0.74，Z=19.5∠-30°Ω；（2）$I_{YP}=I_{YL}$=11.3A，P=5503.7W。

2．（1）$I_P=I_L$=6.29A，P=3.3kW；（2）I_P=10.86A，I_L=18.8A，P=10.032kW。

比较：$\dfrac{I_{YP}}{I_{\triangle P}}=\dfrac{1}{\sqrt{3}}$，$\dfrac{I_{YL}}{I_{\triangle L}}=\dfrac{1}{3}$，$\dfrac{P_Y}{P_{\triangle}}=\dfrac{1}{3}$。

五、综合题

（略）

三相交流电路和电动机单元测试（C）卷

一、填空题

1．$220\sqrt{2}\sin(100\pi t+90°)$。　2．相，220，线，380。　3．10，10。　4．3。　5．380V，$19\sqrt{3}$ A，17.33kW。　6．（1）220，（2）380，（3）127，220。

二、判断题

题号	1	2	3	4	5	6	7	8	9	10
答案	×	√	×	√	×	×	×	√	×	√

三、单项选择题

题号	1	2	3	4	5	6	7	8	9	10
答案	A	A	D	C	A	A	A	D	B	C

四、计算题

1. 开关 S 闭合，$A_1=A_2=A_3=2.08A$；开关 S 断开 $A_1=A_3=1.2A$、 $A_2=2.08A$。

2. $P=133kW$；$Q=99.76kvar$；$S=166.27kVA$。

五、综合题

1. （1）（略）；（2）一楼至二楼间某处中线断；（3）说明三楼的总负载电阻小于二楼的总负载电阻。

2. A 相发电机绕组首尾两端接反，相量图（略）。

第七章　变压器

一、填空题

1. 0.6，0.8。　　2. 0。　　3. 变换电压，变换电流，变换阻抗。

二、判断题

题号	1	2	3
答案	×	×	√

三、单项选择题

题号	1	2	3	4	5	6	7	8	9
答案	A	A	B	D	B	A	C	C	D	C

四、计算题

1. （1）$Z_1=800\Omega$；（2）$I_2=0.1A$；（3）$P_{RL}=0.08W$。

2. （1）$R_S=400\Omega$；（2）$P=0.25W$；（3）$I_1=25mA$，$I_2=125mA$。

变压器单元测试（B）卷

一、填空题

1. 磁，电。　　2. 铜损，铁损。　　3. 0。　　4. 电压，电流，阻抗。　　5. 11，45.5mA。

6．100。　7．12。　8．2000，10，0.5。　9．8，6.4。　10．32。　11．275。　12．800。

二、判断题

题号	1	2	3	4	5	6	7	8	9	10
答案	×	√	×	×	√	×	×	√	√	√

三、单项选择题

题号	1	2	3	4	5	6	7	8	9	10
答案	D	B	B	B	B	D	A	B	C	C

四、计算题

1．$N_2=100$；300 盏。

2．$n=2$，$I_1=8.33\text{mA}$；$I_2=16.67\text{mA}$。

五、综合题

（1）（略）；（2）$U_2=6250\text{V}$，$I_2=16\text{A}$；（3）$r=15.625\Omega$，$U_3=6000\text{V}$；（4）$U_L=240\text{V}$。

第八章　非正弦交流电路

一、填空题

1．1917.7。　2．$8\sqrt{2}\sin\omega t\text{V}$，$6\sqrt{2}\sin 3\omega t\text{V}$，10。

3．0V，$4\sqrt{2}\sin\omega t$，$3\sqrt{2}\sin 3\omega t$，5。

二、判断题

题号	1	2	3
答案	√	×	√

三、单项选择题

题号	1	2	3	4
答案	C	C	B	C

四、计算题

$U=348\text{V}$，$I=10.7\text{A}$，$P=3539\text{W}$。

第九章　过渡电路

一、填空题

1．0.5。　2．电压，电流。　3．储能，换路，初始，稳态，63.2，3～5，储能元件参数，电阻值。　4．5Ω，0.5H。　5．447.2V，894.4Ω，$4.47\times10^{-2}\text{s}$。　6．等幅振荡，起

始时刻从外界获得的能量，$2\pi\sqrt{LC}$。

二、判断题

题号	1	2	3	4	5
答案	√	√	×	√	√

三、单项选择题

题号	1	2	3	4	5	6	7	8	9	10
答案	B	D	D	D	B	D	B	C	C	A

四、计算题

1. 开关闭合一段时间后电压表上的电压为 0V；开关断开的一瞬间，电压表上的电压为 1 000V。

2. $u_C(t) = 12 - 4e^{-100t}$ V。

3. $u_C(0_-) = 10$V，$u_C(0_+) = 10$V，$i_C(0_+) = -\dfrac{2}{3}$A，$i_1(0_-) = 1$A，$i_1(0_+) = \dfrac{1}{3}$A。

4. $u_C(0_+) = 8.89$V，$i(0_+) = 2.22$A，$i_2(0_+) = 2.22$A，$i_C(0_+) = 0$，$u_{R1}(0_+) = 11.11$V，$u_{R2}(0_+) = 8.89$V。

5. $i(t) = 6 - 4.5e^{-25t}$A，$u_L(t) = 225e^{-25t}$V，达到新稳态需要 0.2s。

电工技术基础综合测试卷【一】

一、填空题

1. 100Ω，3.18H。　2. 124，28.2，127，0.976。　3. $220\sqrt{2}\sin(\omega t - 60°)$V。

4. ①直流电阻；②磁滞，涡流。　5. 1440，1500。　6. 保护接零，保护接地。　7. 电路中有储能元件。

二、单项选择题

题号	1	2	3	4	5	6	7	8	9	10
答案	A	D	B	D	A	C	B	B	B	A

三、计算题

1. $I_4 = 2.55$A。

2. （1）$\dfrac{200}{9}$μF；（2）$U = 90$V。

3. $i_{PU} = 22\sqrt{2}\sin(\omega t - 53.1°)$A，$i_{PV} = 22\sqrt{2}\sin(\omega t - 173.1°)$A，$i_{PW} = 22\sqrt{2}\sin(\omega t + 66.9°)$A。

四、综合题

−1s～1s：0.6V；1s～3s：0V；3s～5s：−0.6V；5s～7s：0V；7s～8s：0.6V。

电工技术基础综合测试卷【二】

一、填空题

1. 3V，3.5Ω。 2. 0.25，1.3125。 3. $1×10^8 H^{-1}$，$2×10^{-5} Wb$。 4. 0.5，5，0，−2。 5. $60°$，0.5，50W，$50\sqrt{3}$ var，100VA。

二、单项选择题

题号	1	2	3	4	5	6	7	8	9	10
答案	C	B	D	C	D	C	A	A	C	D

三、计算题

1. I_1=1A；I_2=2A；I_3=4A；I_4=0.5A；I_5=2.5A。

2. $I=10\sqrt{2}A$，$R=10\sqrt{2}Ω$，$X_L=10\sqrt{2}Ω$，$X_C=5\sqrt{2}Ω$。

3. （1）5 424W；（2）250V；（3）η=97.3%。

四、综合题

（1）L_2上感应电流的方向自左而右；（2）AB 向左，CD 向右；（3）JK 向外，GH 向里。

电工技术基础综合测试卷【三】

一、填空题

1. 测量。 2. 10^7。 3. $2.34×10^6$。 4. 4ms，$10\sin500\pi t$，$8\sin(500\pi t + \frac{\pi}{2})$。 5. 48kΩ，0.04Ω。 6. 10Ω，6.4W。 7. ADE。 8. 减小，增大。 9. 电磁感应，电能转换为机械能。

二、单项选择题

题号	1	2	3	4	5	6	7	8	9	10
答案	C	C	C	A	A	C	C	C	B	C	A

三、计算题

1. I_1=0.1A，I_2=−0.1A，I_3=0。

2. L=14.4mH。

3. $i_{2(t)} = -\frac{1}{9}e^{-\frac{t}{1.5×10^{-4}}} A$；$i_{c(t)} = -\frac{2}{9}e^{-\frac{t}{1.5×10^{-4}}} A$。

四、综合题

镇流器作用：①启动产生瞬时高压点燃灯管，②工作时限流。

启辉器的作用：启动时与镇流器配合产生高压，图（略）。

电工技术基础综合测试卷【四】

一、填空题

1．−5，5。　2．4。　3．1.2～2s。　4．70。　5．5.5。　6．100Ω，$\frac{1}{6}$ μF，60mH。

7．12.73A，$18\sin(\omega t + 23.1°)$ A，127.3V，$324\sin(\omega t − 66.9°)$ V，972W。

二、单项选择题

题号	1	2	3	4	5	6	7	8	9	10
答案	C	C	A	B	B	C	B	C	C	A

三、计算题

1．（1）$i_1 = 5\sqrt{2}\sin(\omega t + \frac{\pi}{2})$ A；$i_2 = 10\sin(\omega t − 45°)$ A；$i = 5\sqrt{2}\sin\omega t$ A；（2）P=750W；Q=0var；S=750VA；$\cos\varphi$=1。

2．（1）$I_{PU}=I_{PV}=I_{PW}=I_P=20A$，$I_N=0$；（2）二、三楼电灯两端的电压为190V；三楼 U_{PW}=253V、二楼 U_{PV}=127V（均不能正常工作）。

3．$E_平$=20V。

四、综合题

（1）AC 挡；（2）4 格；（3）6 格。

电工技术基础综合测试卷【五】

一、填空题

1．7 875。　2．$2\sqrt{2}\sin(324t − \frac{\pi}{6})$。　3．15 或 75，450，600，750。　4．$380\sqrt{2}\sin(314t − \frac{\pi}{2})$，

$380\sqrt{2}\sin(314t − \frac{\pi}{6})$，$380\sqrt{2}\sin(314t − \frac{5\pi}{6})$。　5．正比，反比。　6．$\frac{U_m}{\pi}$，$\frac{2U_m}{\pi}(−\frac{1}{15}\cos 4\omega t)$。

7．100。　8．1 或 5。

二、单项选择题

题号	1	2	3	4	5	6	7	8	9	10
答案	B	A	C	B	C	D	D	C	D	C

三、计算题

1．I=2A。

2．I_3=1.5A。

3. $u_C = (\frac{2}{3} + \frac{4}{3}e^{-\frac{t}{2\times10^{-6}}})V$，$i_C = -2e^{-\frac{t}{2\times10^{-6}}}A$。

四、综合题

（略）

电工技术基础综合测试卷【六】

一、填空题

1. 增大 1 倍。　2. $e=BLV\sin\alpha$，右手定则。　3. 707V。　4. 50W。　5. 串联。　6. 电压，12V，电流，1.2mA。　7. 10V，370V。　8. 2Ω，$\sqrt{3}$ Ω，9var。

二、单项选择题

题号	1	2	3	4	5	6	7	8	9	10
答案	C	A	C	C	C	B	C	C	A	D

三、计算题

1. $I_{ab}=1A$。

2. $R=20Ω$，$L=159mH$，$ρ=1kΩ$，$Q=50$。

3. （1）1.4.6.7.10.12 为一组同名端；（2）1 与 3 连接，2.4 接电源；（或者 2.4 连接，1.3 接电源）。（3）$N_4=273$，$N_5=205$，$N_6=328$。

四、综合题

1. （1）L_2；（2）L_1、L_3；（3）L_1；（4）略。　2. 2.2Ω，1kΩ，1.5MΩ±10%，953kΩ±0.2%。

电工技术基础综合测试卷【七】

一、填空题

1. 2490kΩ。　2. 30V，25V。　3. 200Ω，200Ω。　4. 7.2V，20.8V，64W。　5. 21W，−16W。　6. 0.2H。　7. ①同一电路中存在不同频率的电源；②电路中存在非线性器件；③电源本身为非正弦电动势电源。　8. 217.4A。

二、单项选择题

题号	1	2	3	4	5	6	7	8	9	10
答案	C	D	A	D	C	B	D	A	D	C

三、计算题

1. $R_1=0.368Ω$，$R_2=3.316Ω$，$R_3=33.16Ω$，$R_4=331.6Ω$。

2. （1）$r=400Ω$；（2）0.0625W；（3）$I_1=12.5mA$；$I_2=62.5mA$。

3．并联前 $\cos\varphi$ =0.404；并联电容器后 $\cos\varphi$ =0.9。

四、综合题

（1）用户端电压 U_L =100V，用户端电功率 P_L =30kW，输电效率 η =40%；（2）降压变压器变比 n =11.3。

反侵权盗版声明

电子工业出版社依法对本作品享有专有出版权。任何未经权利人书面许可，复制、销售或通过信息网络传播本作品的行为；歪曲、篡改、剽窃本作品的行为，均违反《中华人民共和国著作权法》，其行为人应承担相应的民事责任和行政责任，构成犯罪的，将被依法追究刑事责任。

为了维护市场秩序，保护权利人的合法权益，我社将依法查处和打击侵权盗版的单位和个人。欢迎社会各界人士积极举报侵权盗版行为，本社将奖励举报有功人员，并保证举报人的信息不被泄露。

举报电话：（010）88254396；（010）88258888

传　　真：（010）88254397

E-mail：　dbqq@phei.com.cn

通信地址：北京市万寿路 173 信箱

　　　　　电子工业出版社总编办公室

邮　　编：100036